■ ゼロからはじめる

XPERIA 10 V

エクスペリア テン マークファイブ　　　ドコモ　Xperia 10 V SO-52D

◎ スマートガイド

docomo

技術評論社

■ CONTENTS

Chapter 1
Xperia 10 V SO-52D のキホン

Chapter 2
電話機能を使う

Chapter 3
インターネットやメールを利用する

Chapter 4
Google のサービスを使いこなす

■ CONTENTS

Chapter 5
ドコモのサービスを利用する

Chapter 6
音楽や写真・動画を楽しむ

Chapter 7

Xperia 10 V を使いこなす

Xperia 10 V
SO-52Dのキホン

Xperia 10 V SO-52Dについて

Xperia 10 V SO-52D（以降はXperia 10 Vと表記）は、ドコモから発売されたソニー製のスマートフォンです。Googleが提供するスマートフォン向けOS「Android」を搭載しています。

OS・Hardware

各部名称を覚える

表面

裏面

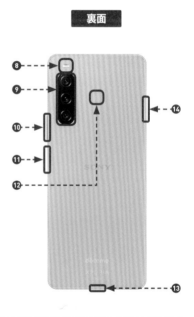

❶	ヘッドセット接続端子	❽	フラッシュ／フォトライト
❷	受話口／スピーカー	❾	メインカメラ
❸	近接／照度センサー	❿	音量キー／ズームキー
❹	フロントカメラ	⓫	電源キー／指紋センサー
❺	ディスプレイ（タッチスクリーン）	⓬	ⓝマーク
❻	送話口／マイク	⓭	USB Type-C接続端子
❼	スピーカー	⓮	nanoSIMカード／ microSDカード挿入口

Xperia 10 Vの特徴

Xperia 10 Vは、Android 13を搭載したスマートフォンです。コンパクトサイズながらもフレームいっぱいに広がるディスプレイが特徴で、指紋認証やおサイフケータイなど、必要な機能を十分に備えています。また、高性能の明るいレンズを搭載し、シーンに合わせた最適な設定で写真を撮影することができます。もちろん、従来の携帯電話のように通話やメール、インターネットも利用できます。

コンパクトサイズにもかかわらず大きな画面を搭載。Webページや地図なども見やすく表示できます。

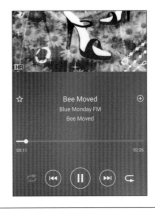

3.5mmオーディオジャックを搭載しているので、お手持ちのヘッドフォンをそのまま使用できます。

高性能のレンズを搭載し、シーンに応じた最適な設定で写真を撮影することができます。

5,000mAhの大容量バッテリーを搭載し、独自の充電最適化技術により劣化しにくくなっています。

電源のオン・オフと
ロックの解除

OS・Hardware

電源の状態には、オン、オフ、スリープモードの3種類があります。
3つのモードは、すべて電源キーで切り替えが可能です。一定時間
操作しないと、自動でスリープモードに移行します。

■ ロックを解除する

(1) スリープモードで電源キーを押します。

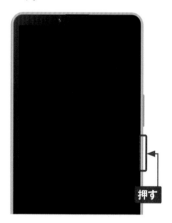

押す

(2) ロック画面が表示されるので、画面を上方向にスワイプ（P.13参照）します。

10:06
7月11日火曜日
スワイプする

(3) ロックが解除され、ホーム画面が表示されます。再度、電源キーを押すと、スリープモードになります。

MEMO スリープモードとは

スリープモードは、画面の表示が消えている状態です。バッテリーの消費をある程度抑えることはできますが、通信などは行われており、スリープモードを解除すると、すぐに操作を再開することができます。また、操作をしないと一定時間後に自動的にスリープモードに移行します。

電源を切る

(1) 電源が入っている状態で、電源キーと音量キーの上を同時に押します。

押す

(2) [電源を切る] をタップ（P.13参照）すると、完全に電源がオフになります。

タップする

(3) 電源をオンにするには、電源キーをXperia 10 Vが振動するまで押します。

Xperia 10 Vが
振動するまで押す

MEMO ロック画面からのカメラの起動

ロック画面から直接カメラを起動するには、ロック画面で⚫をロングタッチ（P.13参照）します。

ロングタッチする

OS・Hardware

基本操作を覚える

Xperia 10 Vのディスプレイはタッチスクリーンです。指でディスプレイをタップすることで、いろいろな操作が行えます。また、本体下部にある3種類のキーアイコンの使い方も覚えましょう。

■ キーアイコンの操作

戻る　　ホーム　　履歴

MEMO キーアイコンとオプションメニューアイコン

本体下部にある3つのアイコンをキーアイコンといいます。キーアイコンは、基本的にすべてのアプリで共通する操作が行えます。また、一部の画面ではキーアイコンの右側か画面右上にオプションメニューアイコン：が表示されます。オプションメニューアイコンをタップすると、アプリごとに固有のメニューが表示されます。

キーアイコンとその主な機能		
◀	戻る	タップすると直前に操作していた画面に戻ります。メニューや通知パネルなどを閉じることもできます。
●	ホーム	タップするとホーム画面が表示されます。ロングタッチするとGoogleアシスタントが利用できます（P.106参照）。
■	履歴	ホーム画面やアプリを使用中にタップすると、タスクマネージャが起動し、最近使用したアプリがサムネイルで一覧表示されます（P.19参照）。

■ タッチスクリーンの操作

タップ／ダブルタップ

タッチスクリーンに軽く触れてすぐに指を離すことを「タップ」、同操作を2回くり返すことを「ダブルタップ」といいます。

ロングタッチ

アイコンやメニューなどに長く触れた状態を保つことを「ロングタッチ」といいます。

ピンチ

2本の指をタッチスクリーンに触れたまま指を開くことを「ピンチアウト」、閉じることを「ピンチイン」といいます。

スクロール（スライド）

文字や画像を画面内に表示しきれない場合など、タッチスクリーンに軽く触れたまま特定の方向へなぞることを「スクロール」または「スライド」といいます。

スワイプ（フリック）

タッチスクリーン上を指ではらうように操作することを「スワイプ」または「フリック」といいます。

ドラッグ

アイコンやバーに触れたまま、特定の位置までなぞって指を離すことを「ドラッグ」といいます。

ホーム画面の使い方を覚える

OS・Hardware

タッチスクリーンの基本的な操作方法を理解したら、ホーム画面の見方や使い方を覚えましょう。本書ではホームアプリを「docomo LIVE UX」に設定した状態で解説を行っています。

1 ホーム画面の見方

ステータスバー
ステータスアイコンや通知アイコンが表示されます（P.16〜17参照）。

アプリアイコン
「dメニュー」などのアプリのアイコンが表示されます。

ドック
ホーム画面のページを切り替えても常に同じものが表示されます。

アプリ一覧ボタン
すべてのアプリを表示します。

ウィジェット
アプリが取得した情報を表示したり、設定のオン／オフを切り替えたりすることができます（P.20参照）。

マチキャラ
さまざまな問いかけに対話で答えてくれるサービスです。

フォルダ
アプリアイコンを1箇所にまとめることができます。

マイマガジン
タップすると、ユーザーが選んだジャンルの記事を表示する「マイマガジン」を利用できます（P.124〜125参照）。

インジケーター
現在見ているホーム画面の位置を示します。左右にスワイプ（フリック）したときに表示されます。

■ ホーム画面のページを切り替える

(1) ホーム画面は、左右にスワイプ（フリック）して切り替えることができます。まずは、ホーム画面を左方向にスワイプ（フリック）します。

スワイプする

(2) 右のページに切り替わります。

(3) 右方向にスワイプ（フリック）すると、もとのページに戻ります。

スワイプする

MEMO マイマガジンと my daiz NOW

ホーム画面を上方向にスワイプすると「マイマガジン」が表示され（P.124参照）、ホーム画面の一番左のページで右方向にスワイプすると「my daiz NOW」が表示されます（P.116参照）。

通知を確認する

OS・Hardware

画面上部に表示されるステータスバーから、さまざまな情報を確認することができます。ここでは、表示される通知の確認方法や、通知を削除する方法を紹介します。

ステータスバーの見方

10:49 ☆ ♪ ♀ ⓘ •　　　🔇 5G ▲ 🔋100%

通知アイコン

不在着信や新着メール、実行中の作業などを通知するアイコンです。

ステータスアイコン

電波状態やバッテリー残量など、主にXperia 10 Vの状態を表すアイコンです。

	通知アイコン		ステータスアイコン
M	新着Gmailメールあり	🔇	マナーモード（ミュート）設定中
💬	新着+メッセージあり	📳	マナーモード（バイブレーション）設定中
✉	新着ドコモメールあり	📶	Wi-Fi接続中および接続状態
☎	不在着信あり	📶	電波の状態
☎	留守番電話／伝言メモあり	🔋	バッテリー残量
•	非表示の通知あり	✴	Bluetooth接続中

16

通知を確認する

(1) メールや電話の通知、Xperia 10 Vの状態を確認したいときは、ステータスバーを下方向にドラッグします。

ドラッグする

(2) 通知パネルが表示されます。表示される通知の中から不在着信やメッセージの通知をタップすると、対応するアプリが起動します。通知パネルを上方向にドラッグすると、通知パネルが閉じます。

通知が表示される

1

通知パネルの見方

❶	クイック設定パネルの一部が表示されます（P.156参照）。
❷	通知やXperia 10 Vの状態が表示されます。左右にスワイプすると通知が消えます（消えない通知もあります）。
❸	通知によっては通知パネルから「かけ直す」などの操作が行えます。
❹	通知内容が表示しきれない場合にタップして閉じたり開いたりします。
❺	「サイレント」には音やバイブレーションが鳴らない通知が表示されます。
❻	タップすると通知の設定を変更することができます。
❼	タップするとすべての通知が消えます（消えない通知もあります）。

OS・Hardware

アプリを利用する

アプリ一覧画面には、さまざまなアプリのアイコンが表示されています。それぞれのアイコンをタップするとアプリが起動します。ここでは、アプリの終了方法や切り替え方法もあわせて覚えましょう。

アプリを起動する

1 ホーム画面を表示し、[アプリ一覧ボタン]をタップします。

タップする

2 アプリ一覧画面が表示されるので、画面を上下にスクロールし、任意のアプリを探してタップします。ここでは、[設定]をタップします。

② タップする
① スクロールする

3 「設定」アプリが起動します。アプリの起動中に◀をタップすると、1つ前の画面(ここではアプリ一覧画面)に戻ります。

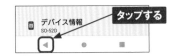

タップする

MEMO　アプリのアクセス許可

アプリの初回起動時に、アクセス許可を求める画面が表示されることがあります。その際は[許可]をタップして進みます。許可しない場合、アプリが正しく機能しないことがあります。

タップする

電話の発信と管理を「docomo Application Manager」に許可しますか?

許可

許可しない

■ アプリを終了する

(1) アプリの起動中やホーム画面で■をタップします。

- ⚙ **ドコモのサービス/クラウド**
  dアカウント設定、ドコモアプリ管理

- 🔐 **パスワードとアカウント**
  保存されているパスワード、自動入力、同期されているアカウント

- ⏱ **Digital Wellbeing と保護者による使用制限**
  利用時間、アプリタイマー、おやすみ時間のスケジュール

- G **Google**
  サービスと設定

- ⚙ **システム**
  言語と入力、日付と時刻、バックアップ
  タップする

- 🔲 **デバイス情報**
  SO-52D

(2) タスクマネージャが起動して最近使用したアプリが一覧表示されるので、左右にスワイプして、終了したいアプリを上方向にスワイプします。

(3) スワイプしたアプリが終了します。すべてのアプリを終了したい場合は、画面下（または右端）の［すべてクリア］をタップします。

思い出を安全に保存しましょう

写真と動画を Google フォトに安全にバックアップできます

ログインしてバックアップ

タップする

| スクリーンショット | ポップアップウィンドウ | マルチウィンドウスイッチ | すべてクリア |

MEMO アプリの切り替え

手順②の画面で別のアプリをタップすると、画面がそのアプリに切り替わります。また、アプリのアイコンをタップすると、アプリ情報の表示やマルチウィンドウ表示への切り替えができます。

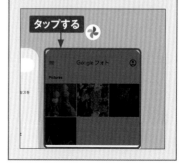

タップする

1

OS・Hardware

ウィジェットを利用する

Xperia 10 Vのホーム画面にはウィジェットが表示されています。ウィジェットを使うことで、情報の閲覧やアプリへのアクセスをホーム画面上からかんたんに行えます。

■ ウィジェットとは

ウィジェットとは、ホーム画面で動作する簡易的なアプリのことです。さまざまな情報を自動的に表示したり、タップすることでアプリにアクセスしたりできます。Xperia 10 Vに標準でインストールされているウィジェットもあり、Google Play（P.96参照）でダウンロードすると、さらに多くのウィジェットを利用できます。

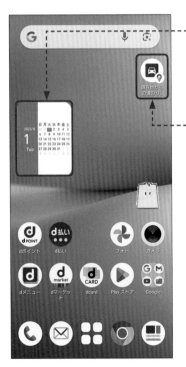

アプリの簡易的な情報が表示されるウィジェットです。

アプリを直接操作できるウィジェットです。

ウィジェットを配置すると、ホーム画面でアプリの操作や設定の変更、ニュースやWebサービスの更新情報のチェックなどができます。

■ ウィジェットを追加する

(1) ホーム画面の何もない箇所をロングタッチします。

ロングタッチする

(2) [ウィジェット] をタップします。初回は [OK] をタップします。

- 壁紙とスタイル
- ウィジェット
- ホーム設定

タップする

(3) 画面を上下にスライドし、∨をタップします。ウィジェットの候補が表示されます。

Q 検索

① スライドする

カレンダー
2件のウィジェット

かんたんホーム
1件のショートカット

サイドセンス
2件のショートカット

②タップする

スケジュール&メモ
3件のウィジェット

(4) 追加したいウィジェットをロングタッチします。

スケジュール&メモ
3件のウィジェット

スケジュール
2x2

メモウィ
メモをホー
に貼り付ける
メモ

ロングタッチする

(5) 指を離すと、ホーム画面にウィジェットが追加されます。

ウィジェットが追加された

MEMO ウィジェットの削除

ウィジェットを削除するには、ウィジェットをロングタッチしたあと、画面上部の「削除」までドラッグします。

削除

ドラッグする

文字を入力する

Xperia 10 Vでは、ソフトウェアキーボードで文字を入力します。「12キー」（一般的な携帯電話の入力方法）や「QWERTY」（パソコンと同じキー配列）などを切り替えて使用できます。

Application

文字の入力方法

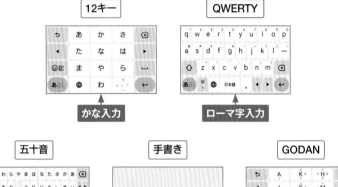

12キー / かな入力

QWERTY / ローマ字入力

五十音 / かな入力

手書き / 手書き入力

GODAN / ローマ字入力

MEMO 5種類の入力方法

Xperia 10 Vの入力方法には、携帯電話で一般的な「12キー」、パソコンと同じキー配列の「QWERTY」のほか、五十音配列の「五十音」、手書き入力の「手書き」、スマートフォンに特化したキー配置でローマ字入力を行う「GODAN」の5種類があります。なお、本書では「五十音」、「手書き」、「GODAN」については解説しません。

■ キーボードを使う準備をする

(1) 初めてキーボードを使う場合は「入力レイアウトの選択」画面が表示されます。[スキップ] をタップします。

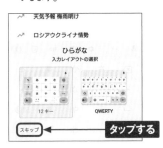

タップする

(2) 「12キー」のキーボードが表示されます。🔧 をタップします。

タップする

(3) [言語] → [キーボードを追加] → [日本語] の順にタップします。

(4) 追加したいキーボードを選択した状態で [完了] をタップします。

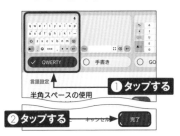

① タップする

② タップする

(5) キーボードが追加されます。← を2回タップすると手順②の画面に戻ります。

タップする

MEMO キーボードの切り替え

キーボードを追加したあとは手順②の画面で ⠿ が ⊕ になるので、⊕ をロングタッチし、切り替えたいキーボードをタップすると、キーボードが切り替わります。

12キーで文字を入力する

●トグル入力を行う

① 12キーは、一般的な携帯電話と同じ要領で入力が可能です。たとえば、あを5回→かを1回→さを2回タップすると、「おかし」と入力されます。

② 変換候補から選んでタップすると、変換が確定します。手順①で∨をタップして、変換候補の欄をスクロールすると、さらにたくさんの候補を表示できます。

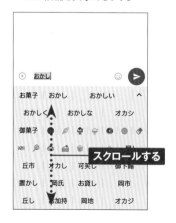

●フリック入力を行う

① 12キーでは、キーを上下左右にフリックすることでも文字を入力できます。キーをロングタッチするとガイドが表示されるので、入力したい文字の方向へフリックします。

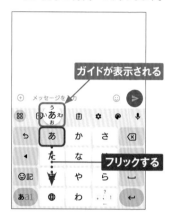

② フリックした方向の文字が入力されます。ここでは、あを下方向にフリックしたので、「お」が入力されました。

QWERTYで文字を入力する

(1) QWERTYでは、パソコンのローマ字入力と同じ要領で入力が可能です。たとえば、g→iの順にタップすると、「ぎ」と入力され、変換候補が表示されます。候補の中から変換したい単語をタップすると、変換が確定します。

(2) 文字を入力し、[日本語] もしくは [変換] をタップしても文字が変換されます。

(3) 希望の変換候補にならない場合は、◀／▶をタップして文節の位置を調節します。

(4) ←をタップすると、濃いハイライト表示の文字部分の変換が確定します。

MEMO QWERTYでの ロングタッチ入力

QWERTYでは、1段目のキーをロングタッチすると、数字を入力することができます。

📘 文字種を変更する

(1) あa1をタップするごとに、「ひらがな漢字」→「英字」→「数字」の順に文字種が切り替わります。あa1のときには、ひらがなや漢字を入力できます。

(2) あa1のときには、半角英字を入力できます。あa1をタップします。

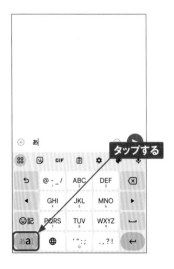

(3) あa1のときには、半角数字を入力できます。再度あa1をタップすると、「ひらがな漢字」入力に戻ります。

MEMO　全角英数字の入力

[全] と書かれている変換候補をタップすると、全角の英数字で入力されます。

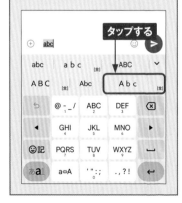

絵文字や顔文字を入力する

(1) 絵文字や顔文字を入力したい場合は、😊記 をタップします。

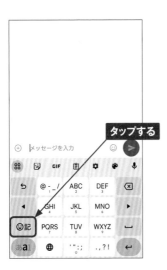

タップする

(2) 「絵文字」の表示欄を上下にスクロールし、目的の絵文字をタップすると入力できます。

❶ スクロールする

❷ タップする

(3) 顔文字を入力したい場合は、キーボード下部の :-) をタップします。あとは手順②と同様の方法で入力できます。記号を入力したい場合は、☆をタップします。

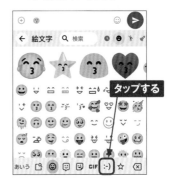

タップする

(4) あいう をタップします。

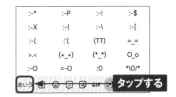

:-*	:-P	:-!	:-$
:-X	:-I	:-\	:-[
:-(	:'(	(TT)	=_=
>.<	(+_+)	(*_*)	O_o
:-O	=-O	:o	*\0/*

タップする

(5) 通常の文字入力に戻ります。

1

テキストを
コピー&ペーストする

Application

Xperia 10 Vは、パソコンと同じように自由にテキストをコピー&ペーストできます。コピーしたテキストは、別のアプリにペースト（貼り付け）して利用することもできます。

テキストをコピーする

(1) コピーしたいテキストをロングタッチします。

ロングタッチする

(2) テキストが選択されます。●と●を左右にドラッグして、コピーする範囲を調整します。

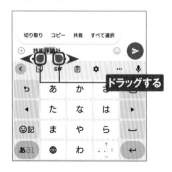

ドラッグする

(3) [コピー] をタップします。

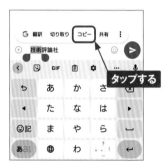

タップする

(4) テキストがコピーされました。

コピーが完了する

■ テキストをペーストする

① 入力欄で、テキストをペースト（貼り付け）したい位置をロングタッチします。

ロングタッチする

② ［貼り付け］をタップします。

タップする

③ コピーしたテキストがペーストされます。

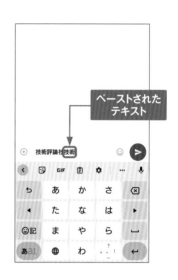

ペーストされたテキスト

MEMO そのほかのコピー方法

ここで紹介したコピー手順は、テキストを入力・編集する画面での方法です。「Chrome」アプリなどの表示画面でテキストをコピーするには、該当箇所をロングタッチして選択し、P.28手順②～③の方法でコピーします。

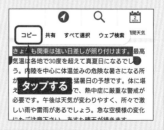

タップする

1

29

Googleアカウントを設定する

Googleアカウントを設定すると、Googleが提供するサービスを利用できます。ここではGoogleアカウントを作成して設定します。すでに作成済みのGoogleアカウントを設定することもできます。

Googleアカウントを設定する

1 P.18を参考にアプリ一覧画面を表示し、[設定]をタップします。

2 「設定」アプリが起動するので、画面を上方向にスクロールして、[パスワードとアカウント]をタップします。

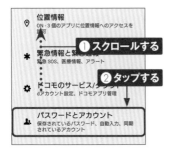

3 [アカウントを追加]→[Google]（または[Googleアカウントにログイン]）をタップします。

MEMO Googleアカウントとは

Googleアカウントとは、Googleが提供するサービスへのログインに必要なアカウントです。無料で作成することができ、Gmailのメールアドレスも取得することができます。Xperia 10 VにGoogleアカウントを設定しておけば、ログイン操作など必要とせずGmailやGoogle Playなどをすぐに使うことが可能です。

④ [アカウントを作成] → [自分用] の順にタップします。すでに作成したアカウントを設定するには、アカウントのメールアドレスまたは電話番号を入力します（右下のMEMO参照）。

⑤ 上の欄に「姓」、下の欄に「名」を入力し、[次へ] をタップします。

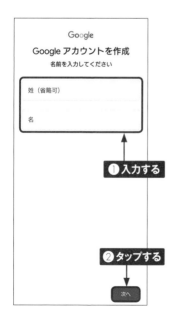

⑥ 生年月日と性別をタップして設定し、[次へ] をタップします。

MEMO 既存のアカウントを設定

作成済みのGoogleアカウントがある場合は、手順④の画面でメールアドレスまたは電話番号を入力して、[次へ] をタップします。次の画面でパスワードを入力し、P.32手順⑨もしくはP.33手順⑬以降の解説に従って設定します。

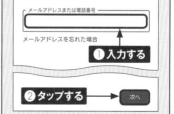

(7) [自分でGmailアドレスを作成] を
タップして、希望するメールアドレ
スを入力し、[次へ] をタップしま
す。

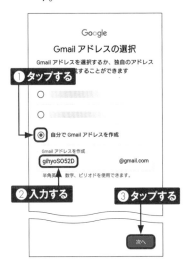

Google

Gmail アドレスの選択

Gmail アドレスを選択するか、独自のアドレス
することができます

❶ タップする

○

○

◉ 自分で Gmail アドレスを作成

Gmail アドレスを作成
gihyoSO52D   @gmail.com

半角英字、数字、ピリオドを使用できます。

❷ 入力する   ❸ タップする

次へ

(8) パスワードを入力し、[次へ] をタッ
プします。

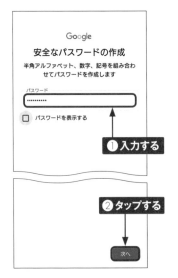

Google

安全なパスワードの作成

半角アルファベット、数字、記号を組み合わ
せてパスワードを作成します

パスワード
....

☐ パスワードを表示する

❶ 入力する

❷ タップする

次へ

(9) パスワードを忘れた場合のアカウ
ント復旧に使用するために、
Xperia 10 Vの電話番号を登録
します。画面を上方向にスワイプ
します。

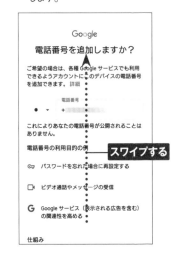

Google

電話番号を追加しますか?

ご希望の場合は、各種 Google サービスでも利用
できるようアカウントにこのデバイスの電話番号
を追加できます。詳細

電話番号
● ▼ +

これによりあなたの電話番号が公開されることは
ありません。

電話番号の利用目的の例   **スワイプする**

☞ パスワードを忘れた場合に再設定する

☐ ビデオ通話やメッセージの受信

G Google サービス（表示される広告を含む）
の関連性を高める

仕組み

(10) ここでは [はい、追加します] をタッ
プします。電話番号を登録しない
場合は、[その他の設定] → [電
話番号を追加しない] → [完了]
の順にタップします。

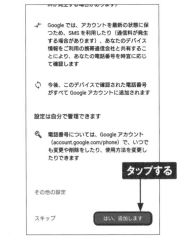

何が発生する場合があります）

↵ Google では、アカウントを最新の状態に保
つため、SMS を利用したり（通信料が発生
する場合があります）、あなたのデバイス
情報をご利用の携帯通信会社と共有するこ
とにより、あなたの電話番号を時宜に応じ
て確認します

↻ 今後、このデバイスで確認された電話番号
がすべて Google アカウントに追加されます

設定は自分で管理できます

✎ 電話番号については、Google アカウント
（account.google.com/phone）で、いつで
も変更や削除をしたり、使用方法を変更し
たりできます

タップする

その他の設定

スキップ   はい、追加します

11 「アカウント情報の確認」画面が表示されたら、[次へ] をタップします。

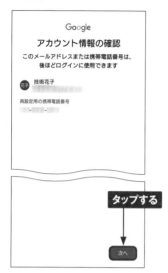

タップする

12 内容を確認して、[同意する] をタップします。

アプリ内広告を配信するため。
- 詐取や不正使用を防いでセキュリティを向上するため。
- 分析や測定を通じてサービスがどのように利用されているかを把握するため。Googleには、サービスがどのように利用されているかを測定するパートナーもいます。こうした広告パートナーや測定パートナーについての説明をご覧ください。

データを統合する

また Google は、こうした目的を達成するため、Google のサービスやお使いのデバイス全体を通じてデータを統合します。アカウントの設定内容に応じて、たとえば検索や YouTube を利用した際に得られるユーザーの興味や関心の情報に基づいて広告を表示したり、膨大な検索クエリから収集したデータを使用してスペル訂正モデルを構築し、すべてのサービスで使用したりすることがあります。

て使用する方法は、下の [その他の設定] で管理できます。設定の変更や同意の取り消しは、アカウント情報（myaccount.google.com）でいつでも行えます。

その他の設定 ∨

タップする
同意する

13 利用したいGoogleサービスがオンになっていることを確認して、[同意する] をタップします。

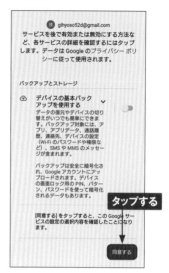

タップする

14 Googleアカウントが作成され、Xperia 10 Vに設定されます。

アカウントが設定された

ドコモのID・パスワードを設定する

Application

Xperia 10 Vにdアカウントを設定すると、NTTドコモが提供するさまざまなサービスをインターネット経由で利用できるようになります。また、あわせてspモードパスワードの変更も済ませておきましょう。

dアカウントとは

「dアカウント」とは、NTTドコモが提供しているさまざまなサービスを利用するためのIDです。dアカウントを作成し、Xperia 10 Vに設定することで、Wi-Fi経由で「dマーケット」などのドコモの各種サービスを利用できるようになります。

なお、ドコモのサービスを利用しようとすると、いくつかのパスワードを求められる場合があります。このうちspモードパスワードは「お客様サポート」(My docomo)で変更やリセットができますが、「ネットワーク暗証番号」はインターネット上で再発行できません（変更は可能）。番号を忘れないように気を付けましょう。さらに、spモードパスワードを初期値（0000）のまま使っていると、変更をうながす画面が表示されることがあります。その場合は、画面の指示に従ってパスワードを変更しましょう。

なお、ドコモショップなどですでに設定を行っている場合、ここでの設定は必要ありません。また、以前使っていた機種でdアカウントを作成・登録済みで、機種変更でXperia 10 Vを購入した場合は、自動的にdアカウントが設定されます。

ドコモのサービスで利用するID／パスワード	
ネットワーク暗証番号	お客様サポート (My docomo) や、各種電話サービスを利用する際に必要です (P.36参照)。
dアカウント／パスワード	ドコモのサービスやdポイントを利用するときに必要です。
spモードパスワード	ドコモメールの設定、spモードサイトの登録／解除の際に必要です。初期値は「0000」ですが、変更が必要です (P.38参照)。

■ dアカウントを設定する

① P.18を参考に「設定」アプリを起動して、[ドコモのサービス／クラウド] をタップします。

位置情報
○ ON・3個のアプリに位置情報へのアクセスを許可

タップする

✷ 緊急情報と緊急通報
緊急 SOS、医療情報、アラート

✿ ドコモのサービス/クラウド
dアカウント設定、ドコモアプリ管理

👤 パスワードとアカウント
保存されているパスワード、自動入力、同期されているアカウント

⬚ Digital Wellbeing と保護者による使用制限
利用時間、アプリタイマー、おやすみ時間のスケジュール

G Google
サービスと設定

✿ システム
言語と入力、日付と時刻、バックアップ

② [dアカウント設定]をタップします。「機能の利用確認」画面が表示されたら [OK] → [許可] の順にタップします。次に「ご利用にあたって」画面が表示されたら[同意する] をタップします。

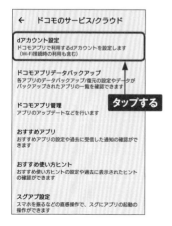

← ドコモのサービス/クラウド

dアカウント設定
ドコモアプリで利用するdアカウントを設定します
（Wi-Fi接続時の利用も含む）

ドコモアプリデータバックアップ
各アプリのデータバックアップ/復元の設定やデータがバックアップされたアプリの一覧を確認できます

ドコモアプリ管理
アプリのアップデートなどを行います

タップする

おすすめアプリ
おすすめアプリの設定や過去に受信した通知の確認ができます

おすすめ使い方ヒント
おすすめ使い方ヒントの設定や過去に表示されたヒントの確認ができます

スグアプ設定
スマホを振るなどの直感操作で、スグにアプリの起動の操作ができます

③ 「dアカウント設定」画面が表示されたら、[ご利用中のdアカウントを設定] をタップします。新規に作成する場合は、[新たにdアカウントを作成] をタップします。

dアカウント設定 ☰

dアカウント設定で
簡単安心アクセス！
●ID&パスワードの入力が不要
●生体認証で安心（非生体認証機種除く）

タップする

ご利用中のdアカウントを設定

新たにdアカウントを作成

④ 「連絡先携帯電話番号」画面では、ご自身の携帯電話番号を入力し [OK] をタップします。

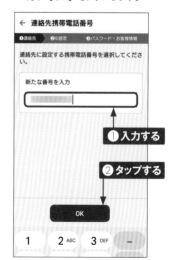

← 連絡先携帯電話番号

❶連絡先 ❷ID設定 ❸パスワード・お客様情報

連絡先に設定する携帯電話番号を選択してください。

新たな番号を入力

❶入力する

❷タップする

OK

1   2 ABC   3 DEF   _

35

⑤ ネットワーク暗証番号を入力して、[設定する] をタップします。「d アカウント設定」画面が表示されたら、[はい] を2回タップします。

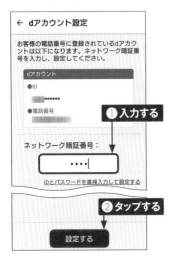

⑥ dアカウントの作成が完了しました。生体認証の設定は、ここでは [設定しない] をタップして、[OK] をタップします。

⑦ 「アプリ一括インストール」画面が表示されたら、[後で自動インストール] をタップして、[進む] をタップします。

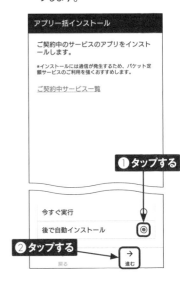

⑧ dアカウントの設定が完了します。

dアカウントのIDを変更する

1 P.36手順⑧の画面で［ID操作］をタップします。表示されていない場合は、「設定」アプリで［ドコモのサービス/クラウド］→［dアカウント設定］の順にタップします。

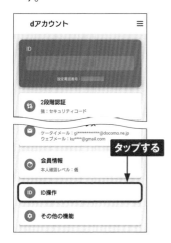

2 ［IDの変更］をタップします。

3 ［好きなIDを設定する］のところの○をタップして◉にし、IDを入力して、［設定する］をタップします。

4 ［OK］をタップします。

5 ［OK］をタップすると、設定が完了します。

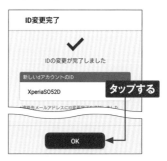

spモードパスワードを変更する

① ホーム画面で［dメニュー］をタップし、左上の≡をタップし、［My docomo］→［設定］の順にタップします。

② 画面を上方向にスライドし、［spモードパスワード］→［変更する］の順にタップします。dアカウントへのログインが求められたら画面の指示に従ってログインします。

③ ネットワーク暗証番号を入力し、［認証する］をタップします。パスワードの保存画面が表示されたら、［使用しない］をタップします。

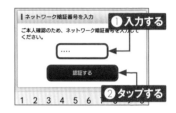

④ 現在のspモードパスワード（初期値は「0000」）と新しいパスワード（不規則な数字4文字）を入力します。［設定を確定する］をタップします。

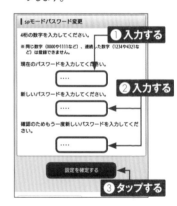

MEMO spモードパスワードのリセット

spモードパスワードがわからなくなったときは、手順②の画面で［リセットする］をタップし、画面の指示に従って手続きを行うと、初期値の「0000」にリセットできます。

電話機能を使う

電話をかける・受ける

Application

電話操作は発信も着信も非常にシンプルです。発信時はホーム画面のアイコンからかんたんに電話を発信でき、着信時はスワイプまたはタップ操作で通話を開始できます。

電話をかける

1 ホーム画面で🔘をタップします。

タップする

2 「電話」アプリが起動します。▦をタップします。

ワンタップで連絡先に電話をかけられます

連絡先をお気に入りに追加

タップする

★	🕐	👥
お気に入り	履歴	連絡先

3 相手の電話番号をタップして入力し、🔘をタップすると、電話が発信されます。

❶タップする -800- ❷タップする

1	2 ABC	3 DEF
4 GHI	5 JKL	6 MNO
7 PQRS	8 TUV	9 WXYZ
＊	0	＃

📞 音声通話

4 相手が応答すると通話が始まります。🔘をタップすると、通話が終了します。

発信中...

日本

タップする

電話を受ける

(1) 電話がかかってくると、着信画面が表示されます（スリープモードの場合）。 を上方向にスワイプします。また、画面上部に通知で表示された場合は、[応答] をタップします。

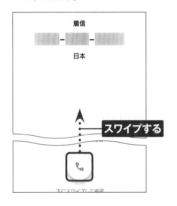

(2) 相手との通話が始まります。通話中にアイコンをタップすると、ダイヤルキーなどの機能を利用できます。

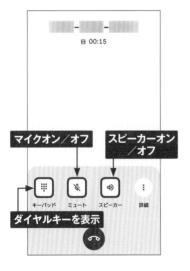

(3) をタップすると、通話が終了します。

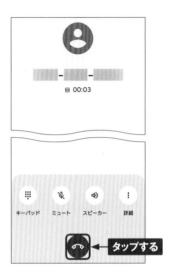

MEMO サイレントモード

Xperia 10 Vでは、着信中にスマートフォンの画面を下にして平らな場所に置くと、着信通知をオフにすることができます。P.42手順①の画面で右上の：をタップし、[設定] → [ふせるだけでサイレントモード] の順にタップしてオンにします。

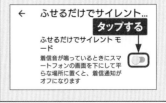

Section 13

発信や着信の履歴を確認する

電話の発信や着信の履歴は、「通話履歴」画面で確認します。また、電話をかけ直したいときに通話履歴画面から発信したり、履歴からメッセージ（SMS）を送信したりすることもできます。

発信や着信の履歴を確認する

1 ホーム画面で📞をタップして「電話」アプリを起動し、[履歴]をタップします。

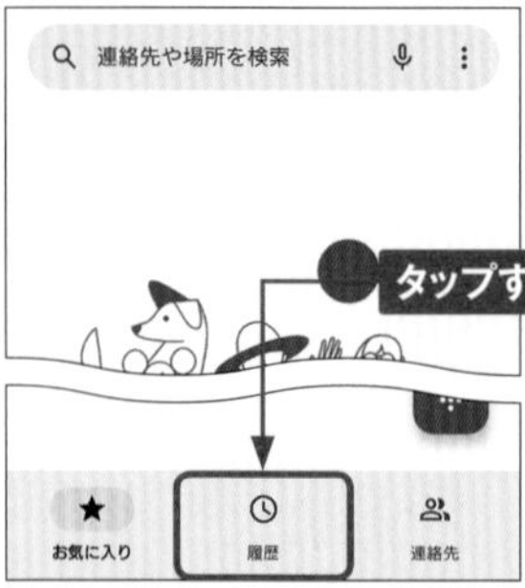

2 発着信の履歴を確認できます。履歴をタップして、[履歴を開く]をタップします。

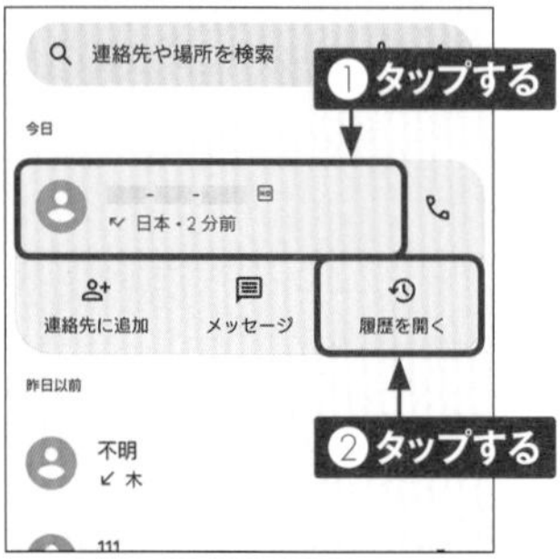

3 通話の詳細を確認することができます。

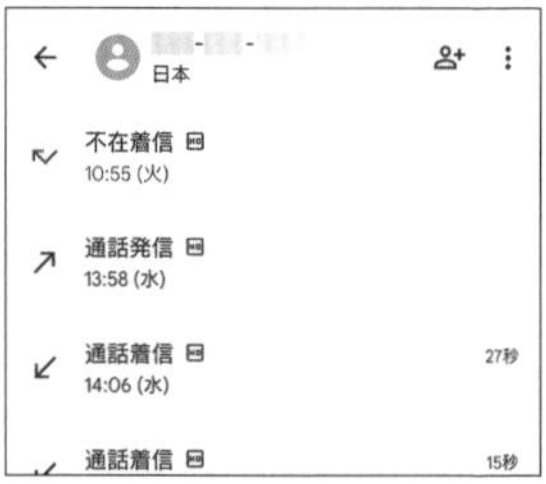

MEMO 履歴の削除

手順②の画面で履歴をロングタッチして［削除］をタップすると、履歴を削除できます。

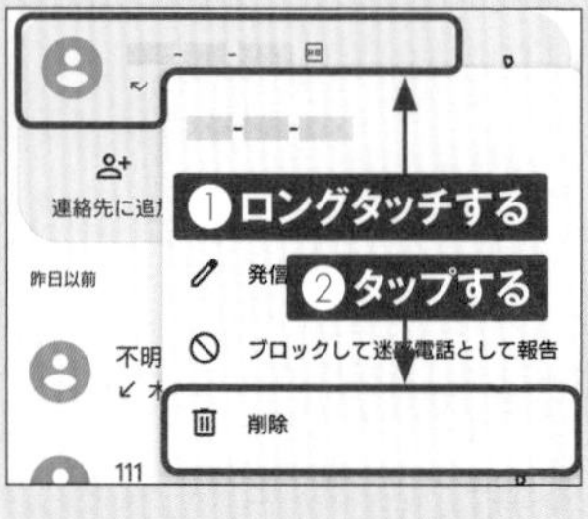

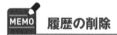

履歴から発信する

1 P.42手順①を参考に通話履歴画面を表示します。発信したい履歴の📞をタップします。

タップする

2 電話が発信されます。

MEMO 履歴からメッセージ（SMS）を送信

P.42手順②の画面で履歴をタップし、表示されるメニューで［メッセージ］をタップすると、メッセージの作成画面が表示され、相手にメッセージを送信することができます。そのほかに、履歴の相手を連絡先に追加したり（P.51参照）、履歴の詳細を表示したりすることも可能です。

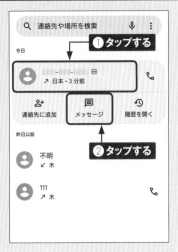

①タップする

②タップする

留守番電話を確認する

Application

ドコモの留守番電話サービス（有料）を利用していると、電話に出られないときにメッセージを残してもらうことができます。なお、契約時の呼び出し時間は15秒に設定されています。

留守番電話を確認する

(1) 留守番電話にメッセージがあると、ステータスバーに留守番電話の通知が表示されます。

(2) P.40手順①〜②を参考に「ダイヤル」画面を表示し、「1417」と入力して、🔵をタップします。

(3) 留守番電話サービスにつながり、メッセージを確認することができます。

MEMO 留守番電話サービスとは

留守番電話を利用するには、有料の留守番電話サービスに加入する必要があります。未加入の場合は、ドコモショップの店頭か、インターネットの「My docomo」（P.118参照）で利用を申し込むことができます。

■ 留守番電話を消去する

(1) P.44手順①〜②を参考にして、留守番電話サービスに電話をかけます。録音されたメッセージを消去したい場合は、³をタップします。

留守番電話 **タップする**

(2) メッセージが消去されます。複数のメッセージが録音されている場合は、#をタップすると次のメッセージを聞くことができます。

留守番電話

タップする

(3) ☎をタップすると、メッセージの再生が終了します。

タップする

✏ 「ドコモ留守電」アプリ MEMO の利用

Xperia 10 Vでは、「ドコモ留守電」アプリを利用して留守番電話を管理することが可能です。留守番電話の一覧表示や、メッセージの再生や削除などもかんたんに行えます。「https://www.nttdocomo.co.jp/service/answer_phone/answer_phone_app/」からアプリをダウンロードすることができます。

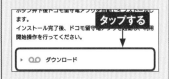

ボタン押下後ドコモ留守電アプリが端末にインストールされます。
インストール完了後、ドコモ留守電アプリを起動して利用開始操作を行ってください。 **タップする**

▸ 🔵 ダウンロード

伝言メモを利用する

Application

Xperia 10 Vでは、電話に応答できないときに本体に伝言を記録する伝言メモ機能を利用できます。有料サービスである「留守番電話サービス」とは異なり、無料で利用できます。

伝言メモを設定する

(1) P.40手順①を参考に「電話」アプリを起動して、画面右上の┇をタップし、[設定] をタップします。

(2) 「設定」画面で [通話アカウント] → [利用中のSIM]（この場合は、[docomo]）→ [伝言メモ] → [OK] の順にタップします。

(3) 「伝言メモ」画面で [伝言メモ] をタップし、⬤を⬤に切り替えます。[応答時間設定] をタップします。

```
←   伝言メモ        ①タップする

伝言メモ                    ⬤

応答時間設定
13秒

ローミング時の使用    ②タップする
海外渡航時に伝言メモを使用します
```

(4) 説明を確認して、[OK] をタップします。

(5) 応答時間をドラッグして変更し、[完了]をタップします。有料の「留守番電話サービス」の呼び出し時間（契約時15秒）より短く設定する必要があります。

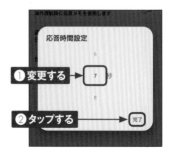

伝言メモを再生する

① 伝言メモがあると、ステータスバーに伝言メモの通知が表示されます。ステータスバーを下方向にドラッグします。

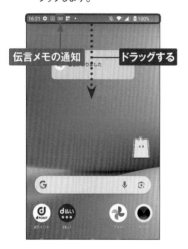

伝言メモの通知　　　ドラッグする

② 通知パネルが表示されるので、伝言メモの通知をタップします。

タップする

③ 再生したいメモをタップすると、録音された音声が再生されます。

タップする

④ 伝言メモを削除するには、メモをロングタッチし、[削除]もしくは[すべて削除] → [OK] をタップします。

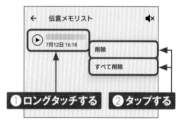

①ロングタッチする　②タップする

MEMO そのほかの伝言メモ再生方法

ステータスバーの通知を削除してしまった場合は、P.46手順③の画面を表示して [伝言メモリスト] をタップすると、伝言メモを確認することができます。

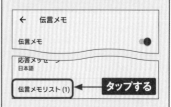

タップする

Application

電話帳を利用する

電話番号やメールアドレスなどの連絡先は、「ドコモ電話帳」アプリで管理することができます。クラウド機能を有効にすることで、電話帳データが専用のサーバーに自動で保存されます。

ドコモ電話帳のクラウド機能を利用する

1 ホーム画面で［アプリ一覧ボタン］をタップし、［ドコモ電話帳］をタップします。

2 初回起動時は「クラウド機能の利用について」画面が表示されます。［注意事項］をタップします。

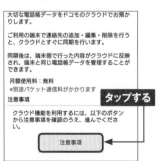

3 「Chromeにようこそ」画面が表示された場合は、［同意して続行］→［続行］→［OK］の順にタップします。注意事項が表示されるので、説明を確認して、◀ をタップします。

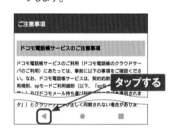

4 手順②の画面に戻るので、［利用する］をタップします。

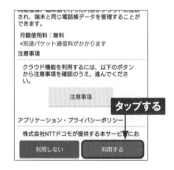

(5) 通知の送信許可を求められたら [許可] をタップします。

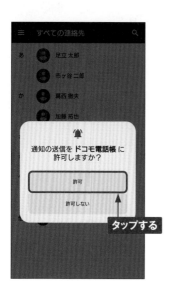

通知の送信を **ドコモ電話帳** に許可しますか?

許可

許可しない

タップする

(6) データがある場合は、「すべての連絡先」画面に登録済みの電話帳データが表示され、ドコモ電話帳が利用できるようになります。画面左上の ≡ をタップしてメニューを表示します。

≡ すべての連絡先

あ 足立 太郎

タップする

市ヶ谷 二郎

か 葛西 徹夫

加藤 拓也

さ 左内 町子

な 西川 健吾

や 山田 恵子

四谷 八郎

他 森田 和樹

(7) [設定] → [クラウドメニュー] の順にタップします。

⊖ すべての連絡先　件数:10

ラベル (グループ)

＋ ラベルを作成

アカウント

d docomo

タップする

G gihyoso52d@gmail.com

⚙ 設定

(8) [クラウドとの同期実行] → [OK] の順にタップすると、クラウドサーバーとの同期が行われます。

← クラウドメニュー

クラウドとの同期実行

クラウドの状態確認

同期の停止

タップする

MEMO ドコモ電話帳のクラウド機能とは

ドコモ電話帳では、電話帳データを専用のクラウドサーバーに自動で保存しています。そのため、機種変更をしたときも、クラウドを利用してかんたんに電話帳を移行することができます。なお、ここではクラウドサーバーとの同期を手動で行っていますが、データを追加・編集・削除すると自動的にクラウドサーバーとの同期が行われます。

2

連絡先に新規連絡先を登録する

(1) P.48手順①を参考に「ドコモ電話帳」アプリを起動し、●をタップします。

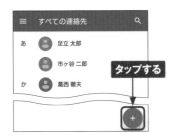

(2) 新しい連絡先を保存するアカウントをタップして選択します（ここでは「docomo」を選択します）。

(3) 入力欄をタップし、「姓」と「名」の入力欄に相手の氏名を入力します。

(4) 画面をスクロールして、名前のふりがなを入力します。

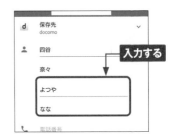

(5) 電話番号やメールアドレスなどそのほかの情報も入力し、完了したら［保存］をタップします。

(6) 連絡先の情報が保存され、登録した相手の情報が表示されます。

■ 連絡先を履歴から登録する

(1) P.40手順①を参考にして、「電話」アプリを起動します。［履歴］をタップして、履歴画面を表示します。連絡先に登録したい電話番号をタップします。

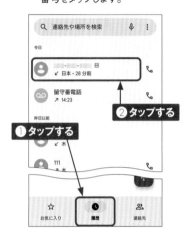

(2) ［連絡先に追加］をタップします。「連絡先に追加」画面で、［新しい連絡先を作成］をタップします。

(3) P.50手順③〜⑤の方法で連絡先の情報を登録し、［保存］をタップします。

MEMO　連絡先の検索

「ドコモ電話帳」アプリを起動し、「すべての連絡先」画面右上の🔍をタップすると、登録されている連絡先を探すことができます。よみがなを登録している場合は、名字もしくは名前の一文字目を入力すると候補に表示されます。

■ マイプロフィールを確認・編集する

(1) P.49手順⑥を参考に「ドコモ電話帳」アプリでメニューを表示し、[設定]をタップします。

(2) [ユーザー情報]をタップします。

(3) 自分の電話番号などが確認できます。編集する場合は、✎をタップします。

(4) P.50手順③～⑤の方法で情報を入力し、[保存]をタップします。

MEMO **住所の登録**

マイプロフィールに住所や誕生日などを登録したい場合は、手順④の画面下部にある[その他の項目]をタップし、[住所]などをタップします。

■ ドコモ電話帳のそのほかの機能

●電話帳を編集する

(1) P.48手順①を参考に「ドコモ電話帳」アプリを起動して「すべての連絡先」画面を表示し、編集したい連絡先の名前をタップします。

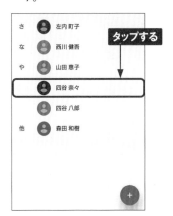

(2) ☑をタップして「連絡先を編集」画面を表示し、P.50手順③〜⑤の方法で連絡先を編集します。

●電話帳から電話を発信する

(1) 左記手順②の画面で電話番号をタップします。

(2) 電話が発信されます。

2

53

着信拒否を設定する

着信拒否設定を行うと、登録した電話番号からの着信を拒否することができます。迷惑電話やいたずら電話がくり返しかかってきたときに、着信拒否を設定しましょう。

着信拒否リストに登録する

1 P.40手順①を参考に「電話」アプリを起動し、右上の :をタップして、[設定] → [ブロック中の電話番号] の順にタップします。

2 「着信拒否設定」画面が表示されます。それぞれの項目をタップすることで、電話帳に登録していない番号や非通知の着信を拒否することができます。

3 [番号を追加] をタップします。

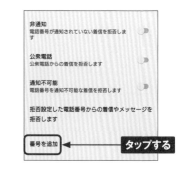

4 着信を拒否したい電話番号を入力し、[追加] をタップします。

① 入力する ② タップする

5 着信を拒否した番号が登録され、表示されます。

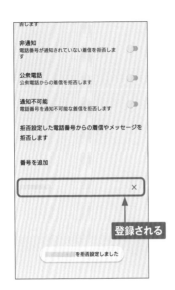

登録される

を拒否設定しました

6 着信拒否を解除する場合は、解除したい番号の [×] をタップして [拒否設定を解除] をタップします。

の拒否設定を解除します か?

キャンセル　拒否設定を解除

タップする

7 着信拒否が解除されます。

の拒否設定を解除しました

MEMO 履歴から着信拒否リストに登録

p.42手順②の画面で履歴をロングタッチして [ブロックして迷惑電話として報告] をタップすると着信拒否リストに登録できます。

昨日

四　四谷 奈々

↗ 携...

↗ オ

電話番号をコピー

発信前に電話番号を編集

↗ ...

ブロックして迷惑電話として報告

連絡先に追加　削除

タップする

留守番電話

↗ 水

通知音・着信音を
変更する

Application

メールの通知音と電話の着信音は、「設定」アプリから変更できます。また、電話の着信音は、着信した相手ごとに個別に設定できます。

メールの通知音を変更する

（1）P.18を参考に「設定」アプリを起動して、[音設定]をタップします。

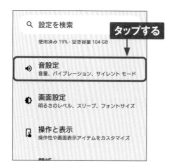

Q 設定を検索 **タップする**

使用済み 19% - 空き容量 104 GB

🔊 音設定
音量、バイブレーション、サイレント モード

🔅 画面設定
明るさのレベル、スリープ、フォントサイズ

🔲 操作と表示
操作性や画面表示アイテムをカスタマイズ

（2）「音設定」画面が表示されるので、[通知音]をタップします。アクセス許可の画面が表示されたら、[許可]をタップします。

←

音設定

セッション終了後もプレーヤーを表示する **タップする**

バイブレーションとハプティクス
ON

通知音
Notification

（3）通知音のリストが表示されます。好みの通知音をタップし、[OK]をタップすると変更完了です。

通知音

○ Pixie Dust
○ Pizzicato
○ Polaris
○ Pollux **①タップする**
○ Procyon
○ Tweeters
○ Vega
＋ 通知の追加
②タップする キャンセル OK

MEMO 音楽を通知音に設定

手順③の画面で[通知の追加]→≡→[ミュージック]→[許可]の順にタップすると、Xperia 10 Vに保存されている音楽を通知音に設定することができます。着信音についても、同様に設定することが可能です。

電話の着信音を変更する

(1) P.18を参考に「設定」アプリを起動し、[音設定] をタップします。

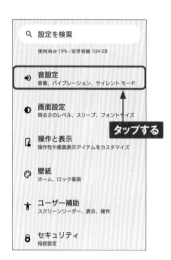

```
Q 設定を検索

使用済み 19% - 空き容量 104 GB

◀» 音設定
   音量、バイブレーション、サイレント モード

◐ 画面設定
   明るさのレベル、スリープ、フォントサイズ
                        タップする
🔲 操作と表示
   操作性や画面表示アイテムをカスタマイズ

◈ 壁紙
   ホーム、ロック画面

† ユーザー補助
   スクリーンリーダー、表示、操作

🔒 セキュリティ
   指紋設定
```

(2) 「音設定」画面が表示されるので、上にスクロールし [着信音] をタップします。

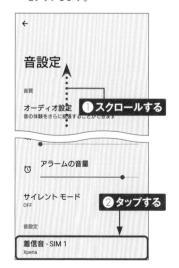

```
←

音設定

音質
                ❶ スクロールする
オーディオ設定
音の体験をさらに拡張することができます

⏰ アラームの音量

サイレント モード
OFF             ❷ タップする

音設定

着信音 - SIM 1
Xperia
```

(3) 着信音のリストが表示されるので、好みの着信音を選んでタップし、[OK] をタップすると、着信音が変更されます。

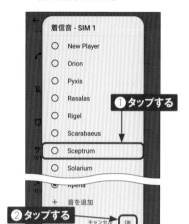

```
←   着信音 - SIM 1

📞  ○  New Player
    ○  Orion
    ○  Pyxis
    ○  Rasalas        ❶ タップする
    ○  Rigel
    ○  Scarabaeus
サ  ○  Sceptrum
OF  ○  Solarium

    ◉  Xperia

    +  音を追加
❷ タップする      キャンセル  OK
```

2

MEMO 着信音の個別設定

着信相手ごとに、着信音を変えることができます。P.53を参考に着信音を変更したい相手の連絡先を表示して、画面右上の ⋮ → [着信音を設定] の順にタップします。ここで好きな着信音をタップして、[OK] をタップすると、その連絡先からの着信音を設定することができます。

```
                    削除
                    共有
タップする           ショートカットを作成
さないまちに
              ▶ 着信音を設定
```

音量・マナーモード・操作音を設定する

Application

音量は「設定」アプリから変更できます。また、マナーモードはバイブレーションがオン／オフの2つのモードがあります。なお、マナーモード中でも、動画や音楽などの音声は消音されません。

音楽やアラームなどの音量を調節する

(1) P.18を参考に「設定」アプリを起動して、[音設定] をタップします。

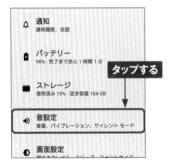

(3) 手順②と同じ方法で、「通話音量」や「着信音と通知音の音量」なども調節できます。

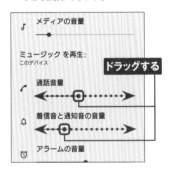

(2) 「音設定」画面が表示されます。「メディアの音量」の●を左右にドラッグして音楽や動画の音量を調節します。

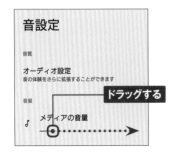

(4) 画面左上の←をタップして、設定を完了します。

マナーモードを設定する

1 本体の右側面にある音量キーを押し、🔔をタップします。

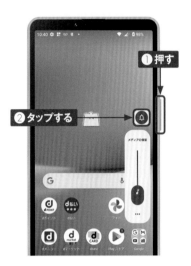

① 押す

② タップする

2 🔊をタップします。

タップする

3 アイコンが🔊になり、バイブレーションのみのマナーモードになります。

バイブレーションのみの
マナーモードになる

4 手順②の画面で🔕をタップするとアイコンが🔕になり、バイブレーションもオフになったマナーモードになります（アラームや動画、音楽は鳴ります）。🔔をタップすると🔔に戻ります。

バイブレーションもオフに
なったマナーモードになる

操作音のオン/オフを設定する

① 1 P.18を参考に「設定」アプリを起動して、[音設定] をタップします。

① 2 画面を上方向にスクロールします。

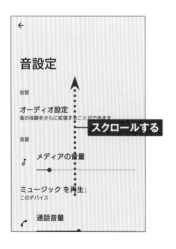

① 3 設定を変更したい操作音(ここでは [ダイヤルパッドの操作音])をタップします。

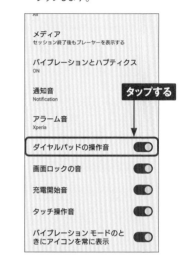

① 4 ●が ●になり、操作音がオフになります。同様にして、画面ロックの音やタッチ操作音のオン/オフが行えます。

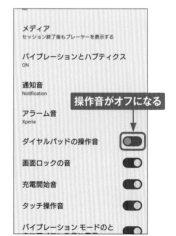

インターネットやメール
を利用する

Webページを閲覧する

Application

Xperia 10 Vでは、「Chrome」アプリでWebページを閲覧できます。Googleアカウントでログインすることで、パソコン用の「Google Chrome」とブックマークや履歴の共有が行えます。

Webページを閲覧する

(1) ホーム画面を表示して、 ◎ をタップします。初回起動時は広告プライバシーに関する確認画面が表示されるので [理解した] をタップし、「Chromeにログイン」画面でアカウントを選択して [有効にする] をタップします。

タップする

(2) 「Chrome」アプリが起動して、Webページが表示されます。[アドレス入力欄] が表示されない場合は、画面を下方向にスワイプすると表示されます。

スワイプする

(3) [アドレス入力欄] をタップし、WebページのURLを入力して、→ をタップします。

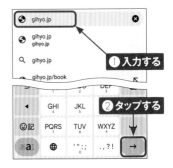

① 入力する

② タップする

(4) 入力したURLのWebページが表示されます。

Webページを移動・更新する

(1) Webページの閲覧中に、リンク先のページに移動したい場合、ページ内のリンクをタップします。

(2) ページが移動します。◀をタップすると、タップした回数だけページが戻ります。

(3) 画面右上の⋮をタップして、→をタップすると、前のページに進みます。

(4) ⋮をタップして、Cをタップすると、表示しているページが更新されます。

MEMO 「Chrome」アプリの更新

「Chrome」アプリの更新がある場合、手順①の画面で、右上の⋮が●になっていることがあります。その場合は、●→[Chromeを更新]→[更新]の順にタップして「Chrome」アプリを更新しましょう。

Webページを検索する

Application

「Chrome」アプリのアドレス入力欄に文字列を入力すると、Google検索が利用できます。また、ホーム画面のウィジェットを利用して、Google検索を行うことも可能です。

■ キーワードからWebページを検索する

① 「Chrome」アプリを起動し、[アドレス入力欄](P.62参照)をタップします。

② 検索したいキーワードを入力して、→をタップします。

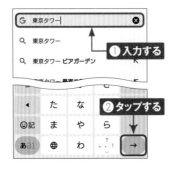

③ Google検索が実行され、検索結果が表示されるので、開きたいページのリンクをタップします。

④ リンク先のページが表示されます。手順③の検索結果画面に戻る場合は、◀をタップします。

64

Webページ内のテキストを検索する

① Webページ内のテキストを検索するには、Webページを開いた状態（P.64手順④参照）で、右上の ⁝ をタップし、［ページ内検索］をタップします。

② 画面上部の入力窓に検索したいキーワードを入力し、🔍 をタップします。

③ Webページ内に入力されたキーワードが見つかると、ハイライト表示されます。

MEMO 選択した単語で Webページを検索

「Chrome」アプリで表示したページの中の単語を選択してWebページを検索するには、ページ内の単語をロングタッチします。メニューが表示されるので、［ウェブ検索］をタップすると、Google検索の結果が表示されます。

複数のWebページを同時に開く

Application

「Chrome」アプリでは、複数のWebページをタブを切り替えて同時に開くことができます。複数のページを交互に参照したいときや、常に表示しておきたいページがあるときに利用すると便利です。

Webページを新しいタブで開く

(1) 「Chrome」アプリを起動し、[アドレス入力欄]を表示して（P.62参照）、:をタップします。

(2) [新しいタブ]をタップします。

(3) 新しいタブが表示されます。検索ボックスをタップします。

(4) URLや検索キーワードを入力して→をタップすると、Webページが表示されます。

複数のタブを切り替える

1 複数のタブを開いた状態でタブ切り替えアイコンをタップします。

タップする

2 現在開いているタブの一覧が表示されるので、上下にスクロールして表示したいタブをタップします。

① スクロールする

② タップする

3 表示するタブが切り替わります。

MEMO タブを閉じるには

不要なタブを閉じたいときは、手順②の画面で、右上の×をタップします。なお、最後に残ったタブを閉じると、「Chrome」アプリが終了します。

タップする

■ タブをグループで表示する

「Chrome」アプリでは、複数のタブを1つにまとめて管理するグループ機能が利用できます。ニュースサイトごと、SNSごとというようにサイトごとにタブをまとめるなど、便利に使えます。

(1) ページ内のリンクをロングタッチします。

(2) [新しいタブをグループで開く] をタップします。

(3) リンク先のページが新しいタブで開きますが、まだ表示されていません。グループ化されており、画面下にタブの切り替えアイコンが表示されるので、別のアイコンをタップします。

(4) リンク先のページが表示されます。

■ グループを整理する

① P.68手順③の画面で [+] をタップすると、グループ内に新しいタブが追加されます。画面右上のタブ切り替えアイコンをタップします。

② 現在開いているタブの一覧が表示され、グループの中には複数のタブがまとめられています。[○個のタブ] と書かれたグループをタップします。

③ グループ内のタブが表示されます。タブの右上の [×] をタップします。

④ グループ内のタブが閉じます。← をタップします。

⑤ 現在開いているタブの一覧に戻ります。グループにタブを追加したい場合は、追加したいタブをロングタッチし、グループにドラッグします。

⑥ グループにタブが追加されます。

3

ブックマークを利用する

Application

「Chrome」アプリでは、WebページのURLを「ブックマーク」に
追加し、好きなときにすぐに表示することができます。よく閲覧する
Webページはブックマークに追加しておくと便利です。

ブックマークを追加する

(1) ブックマークに追加したいWeb
ページを表示して、⋮をタップしま
す。

(2) ☆をタップします。

(3) ブックマークが追加されます。追
加直後に画面下部に表示される
[編集] をタップするか、手順②
の☆をタップします。

(4) 名前や保存先のフォルダなどを編
集し、←をタップします。

MEMO ホーム画面にショートカットを配置するには

手順②の画面で [ホーム画面に
追加] をタップすると、表示して
いるWebページのショートカット
をホーム画面に配置できます。

ブックマークからWebページを表示する

① 「Chrome」アプリを起動し、[アドレス入力欄]を表示して（P.62参照）、⋮をタップします。

タップする

② [ブックマーク]をタップします。

タップする

③ 「ブックマーク」画面が表示されるので、ブックマークのフォルダ（ここでは、[モバイルのブックマーク]）をタップし、閲覧したいブックマークをタップします。

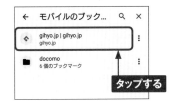

タップする

④ ブックマークに追加したWebページが表示されます。

MEMO ブックマークの削除

手順③の画面で削除したいブックマークの⋮をタップし、[削除]をタップすると、ブックマークを削除できます。

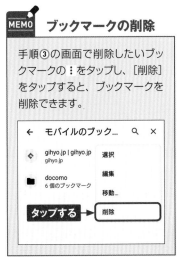

タップする

利用できるメールの種類

Application

Xperia 10 Vでは、ドコモメール（@docomo.ne.jp）やSMS、+メッセージを利用できるほか、GmailおよびYahoo!メールなどのパソコンのメールも使えます。

ドコモメール

ドコモの提供するメールです。「@docomo.ne.jp」のアドレスが使えます。iモードと同じアドレスが使用可能です。

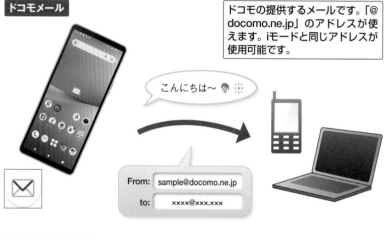

こんにちは～ 🌸 ☀

From: sample@docomo.ne.jp
to: xxxx@xxx.xxx

SMSと+メッセージ

相手の携帯電話番号宛にメッセージを送信します。従来のSMSとそれを拡張した+メッセージ（P.86参照）を利用できます。

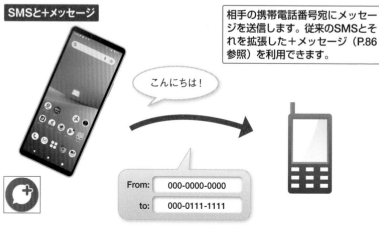

こんにちは！

From: 000-0000-0000
to: 000-0111-1111

Gmail

Googleが提供するメールです。Xperia 10 VにGoogleアカウントを設定すればすぐに利用できます。

こんにちは～

From: sample@gmail.com
to: xxxx@xxx.xxx

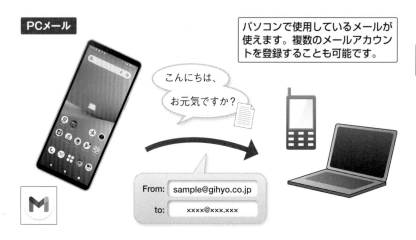

PCメール

パソコンで使用しているメールが使えます。複数のメールアカウントを登録することも可能です。

こんにちは、
お元気ですか？

From: sample@gihyo.co.jp
to: xxxx@xxx.xxx

MEMO +メッセージについて

+メッセージは、従来のSMSを拡張したものです。宛先に相手の携帯電話番号を指定するのはSMSと同じですが、文字だけしか送信できないSMSと異なり、スタンプや写真、動画などを送ることができます。ただし、SMSは相手を問わず利用できるのに対し、+メッセージは、相手も+メッセージを利用している場合のみやり取りが行えます。相手が+メッセージを利用していない場合は、SMSとして文字のみが送信されます。

ドコモメールを設定する

Application

Xperia 10 Vでは「ドコモメール」を利用できます。ここでは、ドコモメールの初期設定方法を解説します。なお、ドコモショップなどで、すでに設定を行っている場合は、ここでの操作は必要ありません。

ドコモメールの利用を開始する

(1) ホーム画面で🔘をタップします。「ドコモメール」アプリがインストールされていない場合は、[ダウンロード] もしくは [アップデート] をタップしてインストールを行い、[アプリ起動] をタップして、アプリを起動します。

(2) アクセスの許可が求められるので、[次へ] をタップします。

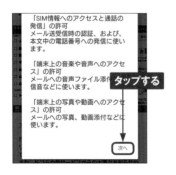

「SIM情報へのアクセスと通話の発信」の許可
メール送受信時の認証、および、本文中の電話番号への発信に使います。

「端末上の音楽や音声へのアクセス」の許可
メールへの音声ファイル添付、着信音などに使います。 **タップする**

「端末上の写真や動画へのアクセス」の許可
メールへの写真、動画添付などに使います。

次へ

(3) [許可] を何回かタップして進みます。「利用者情報の取扱い」に関する文書が表示されたら確認のうえ、[利用開始] をタップします。

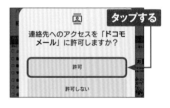

タップする

連絡先へのアクセスを「ドコモメール」に許可しますか?

許可

許可しない

(4) 「ドコモメールアプリ更新情報」画面が表示されたら、[閉じる] をタップします。

ドコモメールアプリ更新情報

アプリアップデートのお知らせ

更新情報
軽微な機能を改善しました。

ドコモメールのわからないことは
『おたすけロボット』がお手伝いします♪

タップする

閉じる

⑤ すでに利用したことがあり、メール設定情報をバックアップしている場合は、「設定情報の復元」画面で [設定情報を復元する] もしくは [復元しない] をタップし、[OK] をタップします（ここでは [復元しない] をタップします）。

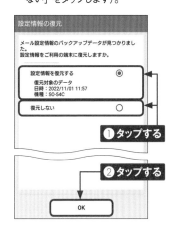

⑥ 「文字サイズ設定」画面が表示されたら、使用したい文字サイズをタップし、[OK] をタップします。

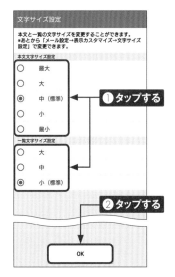

⑦ 「フォルダー覧」画面が表示され、ドコモメールが利用できるようになります。次回からは、P.74手順①で💬をタップするだけでこの画面が表示されます。

MEMO ドコモアプリの アップデート

[ドコモメール] や [dマーケット] などのドコモ関連アプリは、「設定」アプリからもアップデートを行うことができます（P.121参照）。

■ ドコモメールのメールアドレスを変更する

(1) P.180を参考にあらかじめWi-Fi をオフにしておきます。新規契約 の場合など、メールアドレスを変 更したい場合は、ホーム画面で ✉をタップします。

(2) 「フォルダ一覧」画面が表示され ます。画面右下の[その他]をタッ プします。

(3) [メール設定]をタップします。

(4) [ドコモメール設定サイト]をタップ します。

(5) 「ログイン」画面が表示されたら、 dアカウントのIDとパスワードを入 力し、[ログイン]をタップします。

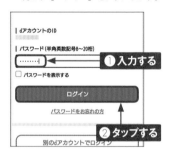

(6) 「メール設定」画面で画面を上方 向にスクロールして、[メールアド レスの変更]をタップします。

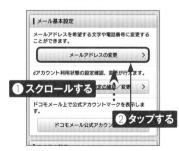

⑦ 画面を上方向にスクロールして、メールアドレスの変更方法をタップして選択します。ここでは [自分で希望するアドレスに変更する] をタップします。

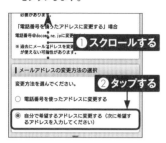

⑧ 画面を上方向にスクロールして、希望するメールアドレスを入力し、[確認する] をタップします。

⑨ [設定を確定する]をタップします。なお、[修正する] をタップすると、手順⑧の画面でアドレスを修正して入力できます。

⑩ メールアドレスが変更されました。◀ を何度かタップして「フォルダ一覧」画面まで戻ります。

⑪ P.76手順②の画面に戻るので [その他] → [マイアドレス] をタップします。

⑫ 「マイアドレス」画面で [マイアドレス情報を更新] をタップし、更新が完了したら [OK] をタップします。

3

ドコモメールを利用する

Application

P.76 ～ 77で変更したメールアドレスで、ドコモメールを使ってみましょう。ほかの携帯電話とほとんど同じ感覚で、メールの新規作成や閲覧、返信が行えます。

ドコモメールを新規作成する

1 ホーム画面で🖂をタップします。

タップする

2 画面左下の [新規] をタップします。[新規] が表示されないときは、◀を何度かタップします。

□ 🗑 ごみ箱
オススメ
　■ ドコモからのオススメ

タップする

新規　検索　更新　その他

3 新規メールの「作成」画面が表示されるので、🗐をタップします。「To」欄に直接メールアドレスを入力することもできます。

作成　　　　送信　その他
To　　　　　🔲
件名
本文

タップする

4 電話帳に登録した連絡先のアドレスが名前順に表示されるので、送信したい宛先をタップしてチェックを付け、[決定] をタップします。履歴から宛先を選ぶこともできます。

左内 町子　☆
☑ sanaimachiko@docomo.ne.jp　　　は
❶ タップする
西川 健吾　☆
四谷 八郎　　や
□　　　　　❷ タップする
□
✓ 決定

5 「件名」欄をタップして、タイトルを入力し、「本文」欄をタップします。

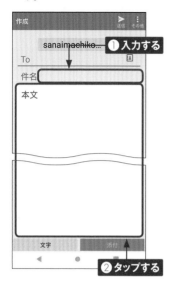

① 入力する
② タップする

6 メールの本文を入力します。

入力する

7 [送信]をタップすると、メールを送信できます。なお、[添付]をタップすると、写真などのファイルを添付できます。

タップする

写真を添付することができる

MEMO 文字サイズの変更

メール本文や一覧表示時の文字サイズを変更するには、P.78手順②で画面右下の[その他]をタップし、[メール設定]→[表示カスタマイズ]→[文字サイズ設定]の順にタップして、好みの文字サイズをタップします。

3

79

■ 受信したメールを閲覧する

(1) メールを受信するとステータスバーにドコモメールの通知が表示されます。◯をタップします。

ドコモメールの通知

タップする

(2) 「フォルダ一覧」画面が表示されたら、[受信BOX] をタップします。

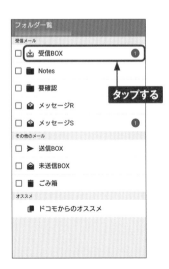

フォルダ一覧

受信メール
- □ 📥 受信BOX　　　　①
- □ 📁 Notes
- □ 📁 要確認　　　　　タップする
- □ 📩 メッセージR
- □ 📩 メッセージS　　　①

その他のメール
- □ ➤ 送信BOX
- □ 📩 未送信BOX
- □ 🗑 ごみ箱

オススメ
- 📱 ドコモからのオススメ

(3) 受信したメールの一覧が表示されます。内容を閲覧したいメールをタップします。

受信BOX

タップする

DoCoMo@docomo-bill.ne.jp ⊘
（ドコモ）データ量に関

□ （ドコモ）データ量に関するお知らせ
***-**07-6417のデータ利用量が、残り200MBで
ステップ1の上限に到達し、5Gギガライトの次...

□ 市ヶ谷 二郎　　　　22/11/01
集合場所の確認　土曜日の待ち合わせ場所はJR
市ヶ谷駅の改札前です。よろしくお願いします。

📧 ✉ 　Q 　C 　⋮
新着　　検索　　更新　　その他

(4) メールの内容が表示されます。宛先横の◯をタップすると、宛先のアドレスと件名が表示されます。

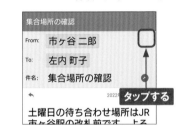

集合場所の確認

From: 市ヶ谷 二郎
To: 左内 町子
件名: 集合場所の確認
↩　　　　　2022　　タップする

土曜日の待ち合わせ場所はJR
市ヶ谷駅の改札前です。よろ

MEMO メールの削除

「受信BOX」画面で削除したいメールの左にある□をタップしてチェックを付け、画面下部のメニューから [削除] をタップすると、メールを削除できます。

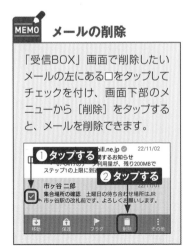

❶ タップする
bill.ne.jp ⊘　22/11/02
関するお知らせ
07-6417の　　ジ利用量が、残り200MBで
ステップ1の上限に到達　❷ タップする

☑ 市ヶ谷 二郎　　　　22/11/01
集合場所の確認　土曜日の待ち合わせ場所はJR
市ヶ谷駅の改札前です。よろしくお願いします。

📥 🔒 🚩 🗑 ⋮
移動　保護　フラグ　削除　その他

■ 受信したメールに返信する

① P.80を参考に受信したメールを表示し、画面左下の[返信]をタップします。

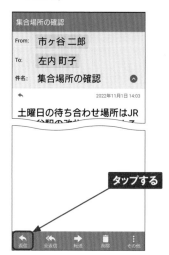

② 「作成」画面が表示されるので、相手に返信する本文を入力します。

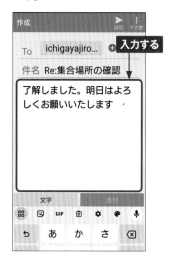

③ [送信]をタップすると、メールの返信が行えます。

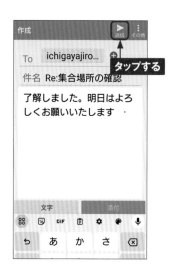

MEMO　フォルダの作成

フォルダを作成してメールを管理するには、「フォルダ一覧」画面で画面右下の[その他]→[フォルダ新規作成]の順にタップします。

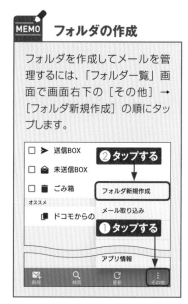

3

メールを自動振分けする

Application

ドコモメールは、送受信したメールを任意のフォルダへ自動的に振分けることも可能です。ここでは、振分けルールの作成手順を解説します。

振分けルールを作成する

1 「フォルダー覧」画面で画面右下の [その他] をタップし、[メール振分け] をタップします。

□ ■ ごみ箱
オススメ
■ ドコモからの

フォルダ新規作成
メール取り込み
メール振分け
メール設定
ヘルプ
クラウド利用状況確認
アプリ情報

②タップする
①タップする

新規　検索　更新　その他

2 「振分けルール」画面が表示されるので、[新規ルール] をタップします。

振分けルール
一覧
受信メール
□ 1. [要確認]へ移動
　　件名「重要」
送信メール
　　振分けルールがありません

+　タップする
新規ルール

3 [受信メール]または[送信メール]（ここでは [受信メール]）をタップします。

ルールの適用対象
受信メール
送信メール
キャンセル
タップする

MEMO　振分けルールの作成

ここでは、「『件名』に『重要』というキーワードが含まれるメールを受信したら、自動で『要確認』フォルダに移動させる」という振分けルールを作成しています。なお、手順③で [送信メール] をタップすると、送信済みメールの振分けルールを作成できます。

④ 「振分け条件」の [新しい条件を追加する] をタップします。

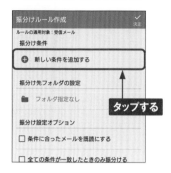
タップする

⑤ 振分けの条件を設定します。「対象項目」のいずれか (ここでは、[件名で振り分ける]) をタップします。

タップする

⑥ 任意のキーワード (ここでは「重要」) を入力して、[決定] をタップします。

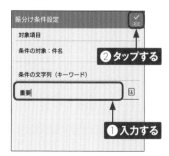
❷ タップする
❶ 入力する

⑦ 手順④の画面に戻るので [フォルダ指定なし] をタップし、[振分け先フォルダを作る] をタップします。

タップする

⑧ フォルダ名 (ここでは、「要確認」) を入力し、[決定] をタップします。「確認」 画面が表示されたら、[OK] をタップします。

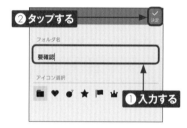
❷ タップする
❶ 入力する

3

⑨ [決定] をタップします。

タップする

⑩ 振分けルールが新規登録されます。

振分けルールが登録される

迷惑メールを防ぐ

ドコモメールでは、迷惑メール対策機能が用意されています。ここでは、ドコモがおすすめする内容で一括して設定してくれる「かんたん設定」の設定方法を解説します。利用は無料です。

迷惑メール対策を設定する

① P.180を参考にあらかじめWi-Fiをオフにしておきます。ホーム画面で📧をタップします。

② 「フォルダ一覧」画面で画面右下の[その他]をタップし、[メール設定]をタップします。

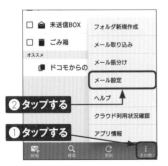

③ [ドコモメール設定サイト]をタップします。

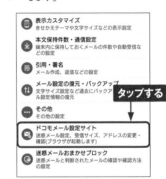

④ 「本人確認」画面が表示されたら、[次へ]をタップします。「パスワード確認」画面が表示されたら、dアカウントのパスワードを入力して、[パスワード確認]をタップします。

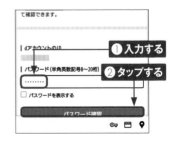

⑤ 「メール設定」画面で［かんたん設定］をタップします。

⑥ ［受信拒否 強］もしくは［受信拒否 弱］をタップし、［確認する］をタップします。パソコンとのメールのやりとりがある場合は［受信拒否 強］だと必要なメールが届かなくなる場合があります。

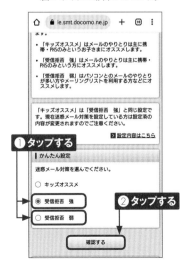

⑦ 設定した内容を確認し、［設定を確定する］をタップします。

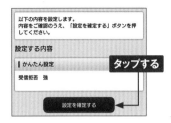

⑧ 設定内容の詳細が表示されます。

3

迷惑メールおまかせブロックとは

MEMO

ドコモでは、迷惑メール対策の「かんたん設定」のほかに、迷惑メールを自動で判定してブロックする「迷惑メールおまかせブロック」という、より強力なサービスがあります。月額利用料金は220円ですが、これは「あんしんセキュリティ」の料金なので、同サービスを契約していれば、「迷惑メールおまかせブロック」も追加料金不要で利用できます。

Application

＋メッセージを利用する

「＋メッセージ」アプリでは、携帯電話番号を使って、テキストや写真、スタンプなどをやり取りできます。相手が「＋メッセージ」アプリを使用していない場合は、SMSでテキストのみのやり取りが可能です。

＋メッセージとは

Xperia 10 Vでは、「＋メッセージ」アプリで＋メッセージとSMS（ショートメッセージサービス）が利用できます。＋メッセージでは文字が全角2,730文字、そのほかに100MBまでの写真や動画、スタンプ、音声メッセージをやり取りでき、グループメッセージや現在地の送受信機能もあります。パケットを使用するため、パケット定額のコースを契約していれば、とくに料金は発生しません。なお、SMSではテキストメッセージしか送れず、別途送信料もかかります。また、＋メッセージは、相手も＋メッセージを利用している場合のみ利用できます。SMSと＋メッセージどちらが利用できるかは自動的に判別されますが、画面の表示からも判断することができます（下図参照）。

「＋メッセージ」アプリで表示される連絡先の一覧画面です。＋メッセージを利用している相手には、↻が表示されます。プロフィールアイコンが設定されている場合は、アイコンが表示されます。

相手が＋メッセージを利用していない場合は、プロフィール画面に「＋メッセージに招待する」と表示されます（上図）。＋メッセージを利用している相手の場合は、何も表示されません（下図）。

■ ＋メッセージを利用できるようにする

(1) ホーム画面を左方向にスワイプし、[＋メッセージ]をタップします。初回起動時は、＋メッセージについての説明が表示されるので、内容を確認して、[次へ]をタップしていきます。

タップする

(2) アクセス権限のメッセージが表示されたら、[次へ]→[許可]の順にタップします。

アクセス権限の設定

＋メッセージをご利用頂くには、「連絡先」「SMS」「データコピーアプリ連携」「ストレージ」「電話」へのアクセス許可が必要

タップする

次へ

(3) 利用条件に関する画面が表示されたら、内容を確認して、[同意する]をタップします。

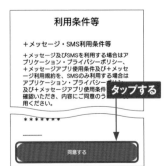

利用条件等

＋メッセージ・SMS利用条件等

＋メッセージ及びSMSを利用する場合はアプリケーション・プライバシーポリシー、＋メッセージアプリ使用条件及び＋メッセージ利用規約を、SMSのみ利用する場合はアプリケーション・プライバシーポリシー及び＋メッセージアプリ使用条件を確認いただき、内容にご同意のう用ください。

タップする

＊＊＊＊＊＊＊

同意する

(4) 「＋メッセージ」アプリについての説明が表示されたら、左方向にスワイプしながら、内容を確認します。

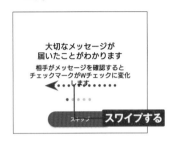

大切なメッセージが届いたことがわかります

相手がメッセージを確認するとチェックマークがWチェックに変化します。

スキップ

スワイプする

(5) 「プロフィール（任意）」画面が表示されます。名前などを入力し、[OK]をタップします。プロフィールは、設定しなくてもかまいません。

ひとこと

場所登録
0, 0

タップする

OK

(6) 「＋メッセージ」アプリが起動します。

メッセージ

NTT DoCoMo 7月12日
VM:01

NTT DOCOMO 7月12日
[セキュリティコード]475654 [...

連絡先
未登録 7月11日
G-942837 があなたの Google...

3

メッセージを送信する

(1) P.87手順①を参考にして、「＋
メッセージ」アプリを起動します。
新規にメッセージを作成する場合
は［メッセージ］をタップして、●
をタップします。

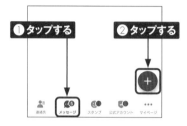

(2) ［新しいメッセージ］をタップしま
す。

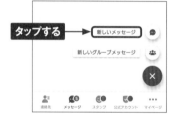

(3) 「新しいメッセージ」画面が表示
されます。メッセージを送りたい相
手をタップします。「名前や電話
番号を入力」をタップし、電話番
号を入力して、送信先を設定する
こともできます。

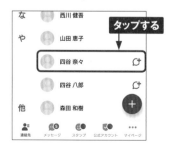

(4) ［メッセージを入力］をタップして、
メッセージを入力し、●をタップし
ます。

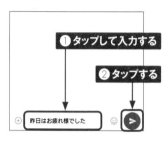

(5) メッセージが送信され、画面の右
側に表示されます。

MEMO　写真やスタンプの送信

「＋メッセージ」アプリでは、写
真やスタンプを送信することもで
きます。写真を送信したい場
合は、手順④の画面で⊕→🖾の
順にタップして、送信したい写真
をタップして選択し、●をタップ
します。スタンプを送信したい
場合は、手順④の画面で☺をタッ
プして、送信したいスタンプを
タップして選択し、●をタップし
ます。

■ メッセージを返信する

① メッセージが届くと、ステータスバーに＋メッセージの通知が表示されます。ステータスバーを下方向にドラッグします。

③ 受信したメッセージが画面の左側に表示されます。メッセージを入力して、●をタップすると、相手に返信できます。

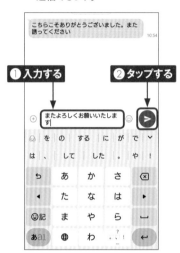

② 通知パネルに表示されているメッセージの通知をタップします。

MEMO 「メッセージ」画面からのメッセージ送信

「＋メッセージ」アプリで相手とやり取りすると、「メッセージ」画面にやり取りした相手が表示されます。以降は、「メッセージ」画面から相手をタップすることで、メッセージの送信が行えます。

Gmailを利用する

Xperia 10 VにGoogleアカウントを登録しておけば（Sec.10参照）、すぐにGmailを利用することができます。パソコンのWebブラウザからも利用することが可能です（https://mail.google.com/）。

受信したメールを閲覧する

(1) ホーム画面で［Google］フォルダをタップし、［Gmail］をタップします。「Gmailの新機能」画面が表示された場合は、［OK］→［GMAILに移動］の順にタップします。

(2) Google Meetに関する画面が表示されたら［OK］をタップすると、受信トレイが表示されます。画面を上方向にスクロールして、読みたいメールをタップします。

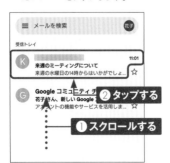

(3) メールの差出人やメール受信日時、メール内容が表示されます。画面左上の←をタップすると、受信トレイに戻ります。なお、↩をタップすると、返信することもできます。

MEMO Googleアカウントの設定

Gmailを使用する前に、Sec.10の方法であらかじめXperia 10 Vに自分のGoogleアカウントを設定しましょう。すでにGmailを使用している場合は、受信トレイの内容がそのままXperia 10 Vでも表示されます。

メールを送信する

1 P.90を参考に[受信トレイ]または[メイン]などの画面を表示して、[作成]をタップします。

タップする

2 メールの「作成」画面が表示されます。[To]をタップして、メールアドレスを入力します。表示される候補をタップします。

①入力する
②タップする

3 件名とメールの内容を入力し、▷ をタップすると、メールが送信されます。

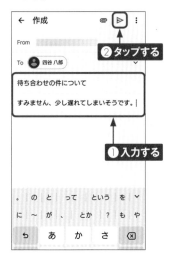

②タップする
①入力する

MEMO ビデオ会議の利用

手順①の画面右下の◻をタップすると、Googleの提供するビデオ会議サービスの「Google Meet」が利用できます（P.112参照）。

タップする

3

Section **31**

Yahoo!メール・
PCメールを設定する

Application

「Gmail」アプリを利用すれば、パソコンで使用しているメールを
送受信することができます。ここでは、Yahoo!メールの設定方法と、
PCメールの設定方法を解説します。

■ Yahoo!メールを設定する

1 あらかじめYahoo!メールのアカウント情報を準備しておきます。「Gmail」アプリを起動し、右方向にスワイプする、または左上の≡をタップして、[設定]をタップします。

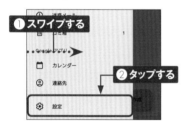

① スワイプする
② タップする

2 [アカウントを追加する]をタップします。

タップする

3 [Yahoo]をタップします。

タップする

4 Yahoo!メールのメールアドレスを入力して、[続ける]をタップし、画面の指示に従って設定します。

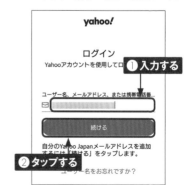

① 入力する
② タップする

92

■ PCメールを設定する

① P.92手順③の画面で［その他］をタップします。

M

メールのセットアップ

G Google

Outlook、Hotmail、Live

Yahoo

Exchange と Office 365

その他

タップする

② PCメールのメールアドレスを入力して、［次へ］をタップします。

M

①入力する

メールアドレスの追加

メールアドレスを入力
gihyotaro@dream.jp

手動設定　　次へ

②タップする

③ アカウントの種類を選択します。ここでは、［個人用（POP3）］をタップします。

M

gihyotaro@dream.jp　タップする

このアカウントの種類を選択します

個人用（POP3）

個人用（IMAP）

④ パスワードを入力して、［次へ］をタップします。

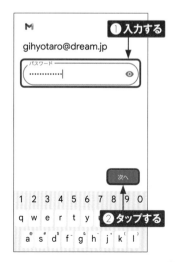

M

①入力する

gihyotaro@dream.jp

パスワード
・・・・・・・・・・・・　◎

次へ

②タップする

⑤ プロバイダーなどの契約書などを確認し、ユーザー名や受信サーバーを入力して、[次へ]をタップします。

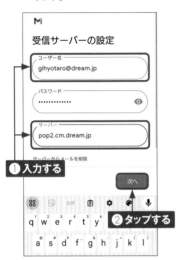

⑥ 送信サーバーを入力して、[次へ]をタップします。

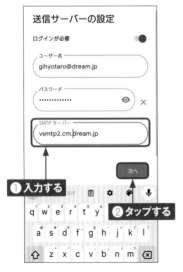

⑦ 「アカウントのオプション」画面が表示されます。[次へ]をタップします。

⑧ アカウントの設定が完了します。[次へ] → [後で] の順にタップすると、P.92手順②の画面に戻ります。

MEMO アカウントの表示切り替え

設定したアカウントに切り替えるには、受信トレイで右上のアイコンをタップし、表示したいアカウントをタップします。

Googleのサービスを
使いこなす

Google Playで アプリを検索する

Application

Xperia 10 Vは、Google Playに公開されているアプリをインストールすることで、さまざまな機能を利用することができます。まずは、目的のアプリを探す方法を解説します。

アプリを検索する

(1) ホーム画面で [Playストア] をタップします。

タップする

(3) アプリのカテゴリが表示されます。画面を上下にスクロールします。

スクロールする

(2) 「Playストア」アプリが起動するので、[アプリ] をタップし、[カテゴリ] をタップします。

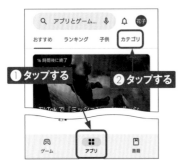

① タップする　② タップする

(4) 見たいジャンル (ここでは [ニュース&雑誌]) をタップします。

タップする

⑤ 「ニュース&雑誌」のアプリが表示されます。上方向にスクロールし、「人気のニュース&雑誌アプリ（無料）」の→をタップします。

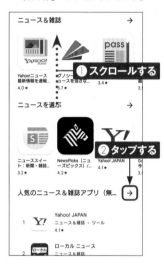

⑥ 「無料」のアプリが一覧で表示されます。詳細を確認したいアプリをタップします。

⑦ アプリの詳細な情報が表示されます。上方向にスクロールするとユーザーレビューも読めます。

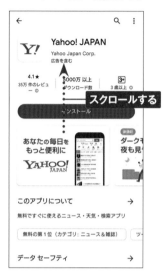

MEMO キーワードでの検索

Google Playでは、キーワードからアプリを検索できます。検索機能を利用するには、P.96手順②の画面で画面上部の検索ボックスをタップし、キーワードを入力して、🔍をタップします。

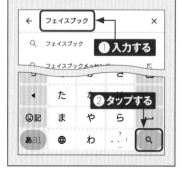

アプリをインストール・アンインストールする

Application

Google Playで目的の無料アプリを見つけたら、インストールしてみましょう。なお、不要になったアプリは、Google Playからアンインストール（削除）できます。

■ アプリをインストールする

(1) Google Playでアプリの詳細画面を表示し（P.97手順⑥～⑦参照）、[インストール] をタップします。

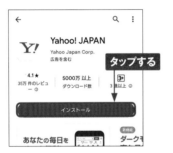

(2) 初回は「アカウント設定の完了」画面が表示されるので、[次へ]をタップします。支払い方法の選択では [スキップ] をタップします。

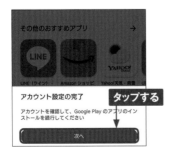

(3) アプリのダウンロードとインストールが開始されます。

(4) アプリのインストールが完了します。アプリを起動するには、[開く]をタップするか、アプリ一覧画面に追加されたアイコンをタップします。

アプリをアップデートする／アンインストールする

●アプリをアップデートする

① 「Google Play」のトップ画面で右上のアカウントアイコンをタップし、表示されるメニューの [アプリとデバイスの管理] をタップします。

② アップデート可能なアプリがある場合、[アップデート利用可能] と表示されます。[すべて更新] をタップすると、アプリが一括で更新されます。[詳細を表示] をタップすると、アップデート可能なアプリを一覧で確認できます。

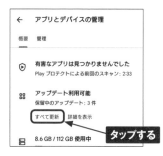

●アプリをアンインストールする

① 左記手順②の画面で [管理] をタップし、アンインストールしたいアプリをタップします。

② アプリの詳細が表示されます。[アンインストール] をタップし、[アンインストール] をタップするとアプリがアンインストールされます。

MEMO ドコモのアプリのアップデートとアンインストール

ドコモから提供されているアプリは、上記の方法ではアップデートやアンインストールが行えないことがあります。詳しくは、P.121を参照してください。

Section **34**

有料アプリを購入する

Application

有料アプリを購入する場合、「ドコモのキャリア決済」「クレジットカード」「Google Playギフトカード」などの支払い方法が選べます。ここでは、クレジットカードを登録する方法を解説します。

■ クレジットカードで有料アプリを購入する

(1) [Playストア] をタップします。
Sec.32を参照して有料アプリを検索します。有料アプリは[¥1,000] のように価格が表示されるのでタップします。

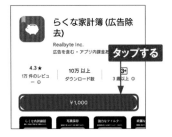

らくな家計簿 (広告除去)
Realbyte Inc.
広告を含む・アプリ内課金

タップする

4.3★　　10万以上　　3+
1万 件のレビュー　ダウンロード数　3 歳以上 ⓘ
ー ⓘ

¥1,000

(2) [カードを追加] をタップします。

らくな家計簿 (広告除　¥1,000
去)
gihyoso52d@gmail.com

購入手続きを完了するには、Google アカウントにお支払い方法を追加してください。お支払い情報はGoogle 以外には公開されません。

☐　カードを追加

▯　NTT DOCOMO 払いを追加

タップする

🅿　PayPal を追加

☐　電子マネーカードを追加

(3) 「カードを追加」画面で「カード番号」と「有効期限」、「CVCコード」を入力し [保存] をタップします。

←　カードを追加

カード番号

MM/YY　　CVC
12/25

技術花子
日本・〒

入力する

MEMO Google Play ギフトカードとは

コンビニなどで販売されている「Google Playギフトカード」を利用すると、プリペイド方式でアプリを購入することができます。利用するには、P.99左の手順①の画面で [お支払いと定期購入]→[コードの利用]の順にタップしGoogle Playギフトカードに記載されている16桁のギフトコードを入力し、[コードを利用]をタップします。

4

<table>
<tr><td>

④ 氏名などの入力が求められたら「クレジットカード所有者の名前」、「国名」、「郵便番号」を入力します。

⑤ [購入]をタップします。

</td><td>

⑥ パスワードを求められた場合は、Googleアカウントのパスワードを入力して（Sec.10参照）[確認]をタップします。

⑦ 認証の確認画面が表示された場合は、[常に要求する]または[要求しない]をタップし[OK]をタップすると、ダウンロードとインストールが開始されます。

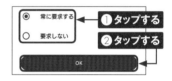

MEMO 購入したアプリの払い戻し

有料アプリは、購入してから2時間以内であれば、返品して全額払い戻しを受けることができます。返品するには、P.99右側手順①を参考に購入したアプリの詳細画面を表示し、[払い戻し]をタップして、次の画面で[払い戻しをリクエスト]をタップします。なお、払い戻しできるのは、1つのアプリにつき1回だけです。

</td></tr>
</table>

Googleマップを使いこなす

Application

Googleマップを利用すれば、自分の今いる場所や、現在地から目的地までの道順を地図上に表示できます。なお、Googleマップのバージョンによっては、本書と表示内容が異なる場合があります。

「マップ」アプリを利用する準備を行う

(1) P.18を参考に「設定」アプリを起動して、上にスクロールし[位置情報]をタップします。

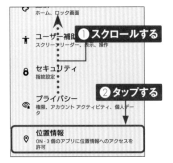

(2) [位置情報を使用] が ● の場合はタップします。位置情報についての同意画面が表示されたら、[同意する]をタップします。

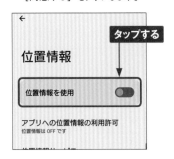

(3) ●に切り替わったら、[位置情報サービス]をタップします。

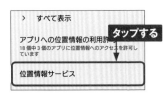

(4) 「Google位置情報の精度」「Wi-Fiスキャン」「Bluetoothのスキャン」の設定がONになっていると位置情報の精度が高まります。その分バッテリーを消費するので、タップして設定を変更することもできます。

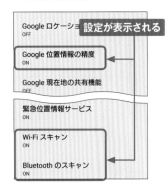

現在地を表示する

(1) ホーム画面で［Google］フォルダをタップし、［マップ］をタップします。

(2) 「マップ」アプリが起動します。⊕をタップします。

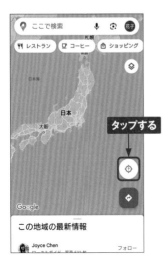

(3) 初回はアクセス許可の画面が表示されるので、［正確］をタップし、［アプリの使用時のみ］をタップします。

(4) 現在地が表示されます。地図の拡大はピンチアウト、縮小はピンチインで行います。スクロールすると表示位置を移動できます。

4

目的の施設を検索する

(1) 検索ボックスをタップします。

(2) 探したい施設名などを入力し、🔍 をタップします。

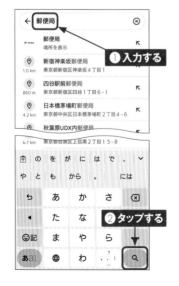

(3) 該当する施設が一覧で表示されます。上下にスクロールして、気になる施設名をタップします。

(4) 選択した施設の情報が表示されます。上下にスクロールすると、より詳細な情報を表示できます。

■ 目的地までのルートを検索する

(1) P.104を参考に目的地を表示し、[経路] をタップします。

(2) 移動手段（ここでは 🚃）をタップします。出発地を現在地から変えたい場合は、[現在地] をタップして変更します。ルートが一覧表示されるので、利用したいルートをタップします。

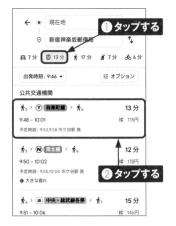

(3) 目的地までのルートが地図で表示されます。画面下部を上方向へスクロールします。

(4) ルートの詳細が表示されます。下方向へスクロールすると、手順③の画面に戻ります。 ◀ を何度かタップすると、地図に戻ります。

MEMO　ナビの利用

「マップ」アプリには、「ナビ」機能が搭載されています。手順③や④の画面に表示される [ナビ開始] をタップすると、目的地までのルートを音声ガイダンス付きで案内してくれます。

Googleアシスタントを利用する

Application

Xperia 10 Vでは、Googleの音声アシスタントサービス「Google アシスタント」を利用できます。キーワードによる検索やXperia 10 Vの設定変更など、音声でさまざまな操作をすることができます。

Googleアシスタントを利用する

(1) 電源キーを長押しするか、■をロングタッチします。

ロングタッチする

(2) Googleアシスタントの開始画面が表示され、Googleアシスタントが利用できるようになります。

「ウィキペディアでクレオパトラを表示」

「Hey Google」の設定

MEMO Googleアシスタントから利用できないアプリ

Googleアシスタントで「○○さんにメールして」と話しかけると、「Gmail」アプリ（P.90参照）が起動するため、ドコモの「ドコモメール」アプリ（P.78参照）は利用できません。GoogleアシスタントではGoogleのアプリが優先されるので、ドコモなどの一部のアプリはGoogleアシスタントからは利用できないことがあります。

Googleアシスタントへの問いかけ例

Googleアシスタントを利用すると、キーワードによる検索だけでなく予定やリマインダーの設定、電話やメールの発信など、さまざまなことがXperia 10 Vに話しかけるだけで行えます。まずは、「何ができる?」と聞いてみましょう。

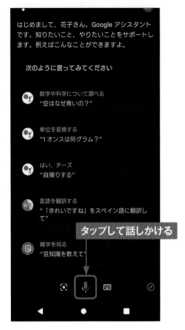

タップして話しかける

●調べ物

「関東近辺のハイキングでおすすめの場所は?」
「ヤマノススメの舞台はどこ?」

●スポーツ

「錦織圭選手の次の試合はいつ?」
「パ・リーグの順位表は?」

●経路案内

「最寄りの駅までナビして」

●楽しいこと

「高尾山のモモンガの画像を見せて」
「あっちむいてホイしよう」

●設定

「アラームを設定して」

4

音声でGoogleアシスタントを起動

自分の音声を登録すると、Xperia 10 Vの起動中に「OK Google (オーケーグーグル)」もしくは「Hey Google (ヘイグーグル)」と発声して、すぐにGoogleアシスタントを使うことができます。P.18を参考に「設定」アプリを起動し、[Google] → [Googleアプリの設定] → [検索、アシスタントと音声] → [Googleアシスタント] → [OK GoogleとVoice Match] → [Hey Google] の順にタップして有効にし、画面に従って音声を登録します。

紛失したXperia 10 V を探す

Application

Xperia 10 Vを紛失してしまっても、パソコンからXperia 10 Vがある場所を確認できます。なお、この機能を利用するには事前に「位置情報を使用」を有効にしておく必要があります（P.102参照）。

「デバイスを探す」を設定する

1 P.18を参考にアプリ一覧画面を表示し、［設定］をタップします。

タップする

2 ［セキュリティ］をタップします。

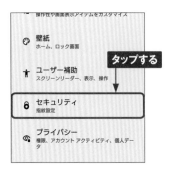

操作性や画面表示アイテムをカスタマイズ

🎨 **壁紙**
ホーム、ロック画面

タップする

✝ **ユーザー補助**
スクリーンリーダー、表示、操作

🔒 **セキュリティ**
指紋設定

🔒 **プライバシー**
権限、アカウント アクティビティ、個人データ

3 ［デバイスを探す］をタップします。

セキュリティ

セキュリティ ステータス

タップする

⊘ **Google Play プロテクト**
前回のアプリのスキャン: 2:33

⊙ **デバイスを探す**
ON

🔲 **セキュリティ アップデート**
2023年4月1日

Google Play システム アップデー

4 ⬤の場合は「デバイスを探す」を使用をタップして⬤にします。

デバイスを探す

「デバイスを探す」を使用

「デバイスを探す」をオンにすると、紛失した場合にデバイスの位置検索、ロック、リセットを行えます

ⓘ

タップする

「デバイスを探す」機能を利用すると、このデバイスの位置をリモートで特定できます。
デバイスを紛失した場合にデータを保護することも

■ パソコンでXperia 10 Vを探す

① パソコンのWebブラウザでGoogleの「Googleデバイスを探す」(https://android.com/find) にアクセスします。

入力してアクセスする

② ログイン画面が表示されたら、Sec.10で設定したGoogleアカウントを入力し、[次へ]をクリックします。パスワードの入力を求められたらパスワードを入力し、[次へ]をクリックします。

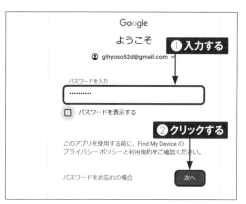

Google
ようこそ　❶入力する
　🅐 gihyoso52d@gmail.com ✓

パスワードを入力
••••••••

☐ パスワードを表示する

❷クリックする

このアプリを使用する前に、Find My Device のプライバシー ポリシーと利用規約をご確認ください。

パスワードをお忘れの場合　　　次へ

③ 「Googleデバイスを探す」画面で[同意する]をクリックすると、地図が表示され、Xperia 10 Vのおおまかな位置を確認できます。画面左の項目をクリックすると、音を鳴らしたり、ロックをかけたり、Xperia 10 Vのデータを初期化したりできます。

Google デバイスを探す

Sony Xperia 10 V　　ⓘ

デバイスに接続しています...　　↻

🔊 音を鳴らす　　　　　　　　　　　＞
デバイスがマナーモードになっている場合でも、着信音を 5 分間鳴らします。

クリックする

🔒 デバイスを保護　　　　　　　　　＞
デバイスをロックし、Google アカウントからログアウトします。ロック画面にメッセージや電話番号を表示することもできます。ロック後もデバイスの位置を特定できます。

ログインが必要になることもあります。

🗑 デバイスデータを消去　　　　　　＞

4

YouTubeで
世界中の動画を楽しむ

Application

世界最大の動画共有サイトであるYouTubeでは、さまざまな動画を検索して視聴することができます。横向きでの全画面表示や、一時停止、再生速度の変更なども行えます。

YouTubeの動画を検索して視聴する

(1) ホーム画面で［Google］フォルダをタップし、［YouTube］をタップします。

(2) 通知の送信に関する画面が表示された場合は、［許可］をタップします。YouTubeのトップページが表示されるので、Q をタップします。

(3) 検索したいキーワード（ここでは「国立科学博物館」）を入力して、Q をタップします。

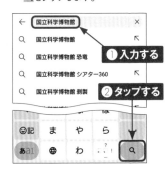

(4) 検索結果一覧の中から、視聴したい動画のサムネイルをタップします。

(5) 動画の再生が始まります。画面をタップします。

タップする

(6) メニューが表示されます。Ⅱをタップすると一時停止します。◻をタップすると横向きの全画面表示になります。左上の∨をタップします。

タップして全画面表示

タップして一時停止

タップする

(7) 再生画面が画面下にウィンドウ化され、動画を再生しながら視聴したい動画をタップして選択できます。再生を終了するには、◁を何度かタップしてアプリを終了します。

タップする

ウィンドウ化されて再生される

4

■ YouTubeの操作（全画面表示の場合）

再生画面のウィンドウ化 ｜ 自動再生のオン／オフ ｜ 字幕のオン／オフ

画質や再生速度の切り替え

通常表示／全画面表示の切り替え

そのほかのGoogleサービスアプリ

本章で紹介したもの以外にも、たくさんのGoogleサービスのアプリが公開されています。無料で利用できるものも多いので、Google Playからインストールして試してみてください。

Google翻訳

100種類以上の言語に対応した翻訳アプリ。音声入力やカメラで撮影した写真内のテキストの翻訳も可能。

Google Meet

1対1なら最大24時間、100名までは最大60分のビデオ会議が行えるアプリ。「Gmail」アプリからも利用可能。

Googleドライブ（ドライブ）

無料で15GBの容量が利用できるオンラインストレージアプリ。ファイルの保存や共有、編集ができる。

Googleカレンダー（カレンダー）

Web上のGoogleカレンダーと同期し、同じ内容を閲覧・編集できるカレンダーアプリ。

ドコモのサービスを
利用する

Application

dメニューを利用する

Xperia 10 Vでは、ドコモのポータルサイト「dメニュー」を利用できます。dメニューでは、ドコモのサービスにアクセスしたり、メニューリストからWebページやアプリを探したりすることができます。

メニューリストからWebページを探す

1 ホーム画面で [dメニュー] をタップします。「dメニューお知らせ設定」画面が表示された場合は、[OK] をタップします。

2 「Chrome」アプリが起動し、dメニューが表示されます。中央のメニューを左にスクロールし、[すべてのサービス] をタップします。

3 [メニューリスト] をタップします。

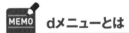

サービス	トップに設定
天気	災害情報
占い	乗換/運行
株価・マネー	毎日くじ
dポイント	dマーケット
スゴ得コンテンツ	メニューリスト
マイメニュー	My docomo
ahamo	
スポーツ・趣味	

タップする

MEMO dメニューとは

dメニューは、ドコモのスマートフォン向けのポータルサイトです。ドコモおすすめのアプリやサービスなどをかんたんに検索したり、利用料金の確認などができる「My docomo」(P.118参照) にアクセスしたりできます。

④ 「メニューリスト」画面が表示されます。画面を上方向にスクロールします。

⑥ 一覧から、閲覧したいWebページのタイトルをタップします。アクセス許可が表示された場合は、[許可] をタップします。

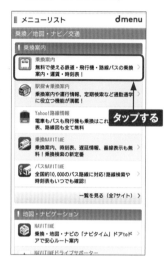

⑤ 閲覧したいWebページのジャンルをタップします。ここでは、[乗換/地図・ナビ/交通] をタップします。

⑦ 目的のWebページが表示されます。◀を何回かタップすると一覧に戻ります。

Application

my daiz

my daizを利用する

「my daiz」は、話しかけるだけで情報を教えてくれたり、ユーザーの行動に基づいた情報を自動で通知してくれたりするサービスです。使い込めば使い込むほど、さまざまな情報を提供してくれます。

my daizの機能

my daizは、登録した場所やプロフィールに基づいた情報を表示してくれるサービスです。有料版を使用すれば、ホーム画面のmy daizのキャラが先読みして教えてくれるようになります。また、直接my daizと会話して質問したり本体の設定を変更したりすることもできます。

●アプリやホーム画面で情報を見る

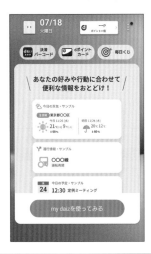

「my daiz」アプリやホーム画面の左端（my daiz NOW）を表示すると、カテゴリ別のニュースや道路の渋滞情報など最新の情報とユーザーに基づいた情報が表示されます。

●my daizと会話する

「マイデイズ」と話しかけると、対話画面が表示されます。マイクアイコンをタップして話しかけたり、キーボードから文字を入力したりすることで、天気予報の確認や調べ物、アラームやタイマーなどの設定ができます。

■ my daizの初期設定を行う

(1) ホーム画面で［アプリ一覧ボタン］をタップし、［docomo］フォルダ→［my daiz］の順にタップします。

(2) 初回起動時は機能の説明画面が表示されます。［はじめる］→［次へ］の順にタップし、［アプリの使用時のみ］または［今回のみ］をタップして［許可］を何回かタップします。

(3) 位置情報の許可の画面では、［次へ］→［アプリの使用時のみ］の順にタップします。

(4) 「他のアプリに重ねて表示できるようにする」の画面が表示されたら、［次へ］→［my daiz］をタップし、◯ をタップして ◯ にし、◀ を2回タップします。

(5) 初回は利用規約が表示されるので、上方向にスクロールして「上記事項に同意する」のチェックボックスをタップしてチェックを付け、［同意する］→［あとで設定］をタップします。

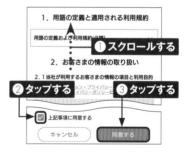

(6) 「my daiz」アプリが起動します。左上の≡をタップしてメニューを表示し、［設定］をタップします。［プロフィール］や［コンテンツ・機能］をタップして各種設定を行います。

My docomoを利用する

Application

「My docomo」アプリでは、契約内容の確認・変更などのサービスが利用できます。利用の際には、dアカウントのパスワードやネットワーク暗証番号（P.34参照）が必要です。

契約情報を確認・変更する

1 ホーム画面やアプリ一覧画面で [My docomo] をタップします。表示されていない場合は、P.98を参考にGoogle Playからインストールします。各種許可の画面が表示されたら、画面の指示に従って設定します。

タップする

2 [規約に同意して利用を開始] をタップします。

タップする

3 [dアカウントでログイン] をタップします。

タップする

4 dアカウントのIDを入力し、[次へ] をタップします。

①入力する

②タップする

5 パスワードを入力し、[ログイン] をタップして、[OK] と [許可] をタップします。

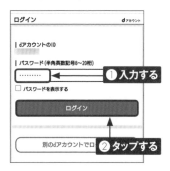

6 「パスワードロック機能の設定」 画面が表示されたら、ここでは [今 はしない] をタップします。

7 「My docomo」アプリのホーム 画面が表示され、データ通信量 や利用料金が確認できます。[ご 契約内容] をタップすると、現在 の契約プランや利用中のサービ スが表示されます。

8 契約内容を変更したい場合は、 [お手続き] → [契約プラン／ 料金プラン変更] → [お手続き する] の順にタップします。ネット ワーク暗証番号を聞かれた場合 は入力して進みます。

9 割り引きサービスや有料オプショ ンサービスの契約状況はそれぞれ のカテゴリから確認できます。こ こでは、[オプション] をタップしま す。

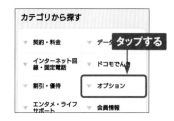

10 有料オプションサービスの契約状 況が表示されます。契約したい サービスの[お手続きをする]をタッ プして、進みます。

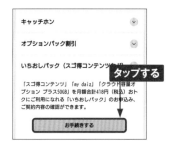

5

(11) 画面を上方向にスクロールして契約内容を確認します。[注意事項・利用規約]のリンクをクリックし、内容を確認します。確認し終わったら上にスクロールし、[閉じる]をタップします。次にチェックボックスをタップしチェックを入れます。

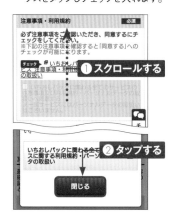

(12) 「お手続き内容を確認」の項目にチェックが付いていることを確認して、画面を上方向にスクロールします。

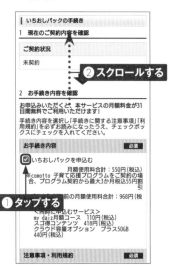

(13) 受付確認メールの送信先をタップして選択し、[次へ]をタップします。

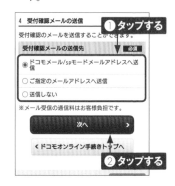

(14) 確認画面が表示されるので、[はい]をタップします。

(15) 「手続き内容確認」画面が表示されます。上にスクロールして内容を確認し、[手続きを完了する]をタップすると、手続きが完了します。

ドコモのアプリを
アップデートする

Application

ドコモから提供されているアプリの一部は、Google Playではアップデートできない場合があります（P.99参照）。ここでは、「設定」アプリからドコモアプリをアップデートする方法を解説します。

■ ドコモのアプリをアップデートする

(1) P.18を参考に「設定」アプリを起動して、[ドコモのサービス/クラウド] → [ドコモアプリ管理]の順にタップします。

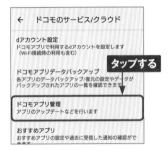

(2) パスワードを求められたら、パスワードを入力して[OK]をタップします。アップデートできるドコモアプリの一覧が表示されるので、[すべてアップデート]をタップします。

(3) それぞれのアプリで「ご確認」画面が表示されたら、[同意する]をタップします。

(4) 「複数アプリのダウンロード」画面が表示されたら、[今すぐ]をタップします。アプリのアップデートが開始されます。

MEMO ドコモアプリの アンインストール

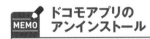

ドコモのアプリをアンインストールしたい場合は、P.153を参考にホーム画面でアイコンをロングタッチし、[アプリ情報] → [アンインストール]をタップします。

d払いを利用する

Application

d払い

「d払い」は、ドコモが提供するキャッシュレス決済サービスです。
お店でバーコードを見せるだけでスマホ決済を利用できるほか、
Amazonなどのネットショップの支払いにも利用できます。

d払いとは

「d払い」は、以前からあった「ドコモケータイ払い」を拡張して、ドコモ回線ユーザー以外
も利用できるようにした決済サービスです。ドコモユーザーの場合、支払い方法に電話料金
合算払いを選べ、より便利に使えます（他キャリアユーザーはクレジットカードが必要）。

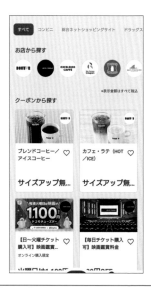

「d払い」アプリでは、バーコード
を見せるか読み取ることで、キャッ
シュレス決済が可能です。支払い
方法は、電話料金合算払い、d払い
残高（ドコモ口座）、クレジットカー
ドから選べるほか、dポイントを使
うこともできます。

[クーポン]をタップすると、店頭
で使える割り引きなどのクーポン
の情報が一覧表示されます。ポイン
ト還元のキャンペーンはエント
リー操作が必須のものが多いので、
こまめにチェックしましょう。

d払いの初期設定を行う

1 Wi-Fiに接続している場合はP.180を参考にオフにしてから、ホーム画面で [d払い] をタップします。アップデートが必要な場合は、[アップデート] をタップしてアップデートします。

タップする

2 サービス紹介画面で [次へ] を2回タップし、[はじめる] → [OK] → [アプリの使用時のみ] の順にタップします。

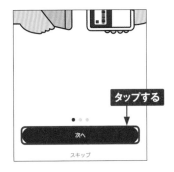

タップする

次へ
スキップ

3 「ご利用規約」画面をよく読み、[同意して次へ] をタップします。

- 耐失時等の第三者による不正利用を防止するため、ご利用端末の画面ロック機能、及び本アプリケーションの設定メニューより「お支払い画面のセキュリティ」を有効としていただくことを推奨いたします。
- 本アプリケーションの初期設定で、本アプリケーションで提供する機能およびd払い（ネット）に関するキャンペーン等お得な情報の通知設定を行っていただきます。
  通知が不要のお客さまは、「お得な情報を通知で受け取る」のチェックボックスを外してください。
  また、スーパー最速プログラムにおけるメッセージ（CRM）につきましてはドコモからのメッセージを受け取ることが可能です。ドコモからのメッセージの通知、または、メッセージBOX内で「メッセージを受け取らない」を選択することで通知を受けられなくなります。
- 本アプリケーションでは、お客さまがd払いで決済した商品等の情

タップする

同意して次へ

4 dアカウントのIDとパスワードを求められた場合、入力して [ログインする] をタップします。[上記のアカウントでログインします] と表示されたら、[はい] をタップします。

ログイン確認　　　　　dアカウント

| dアカウントのID

上記のdアカウントでログインします。よろしいですか？

はい

別のdアカウントでログイ　タップする

5 「ご利用設定」画面で設定を行い [許可] → [次へ] をタップし、使い方の説明で [次へ] を何度かタップして [さあ、d払いをはじめよう!] をタップすると、利用設定が完了します。

タップする

 さあ、d払いをはじめよう！

使い方をもっとみる

MEMO dポイントカード

「d払い」アプリの「ホーム」画面を左方向にスワイプすると、モバイルdポイントカードのバーコードが表示されます。dポイントカードが使える店では、支払い前にdポイントカードを見せて、d払いで支払うことで、二重にdポイントを貯めることが可能です。

5

123

マイマガジンで
ニュースを読む

マイマガジンは、さまざまなニュースをジャンルごとに選んで読むことができるサービスです。読むニュースの傾向に合わせて、より自分好みの情報が表示されるようになります。

好きなニュースを読む

1 ホーム画面で🖥をタップします。

2 初回は「マイマガジンへようこそ」画面が表示されるので、[規約に同意してはじめる] をタップします。通知の送信に関する画面が表示されたら [許可] をタップします。

3 画面を左右にスワイプして、ニュースのジャンルを切り替え、読みたいニュースをタップします。

4 ニュースの一部が表示されます。[元記事サイトへ] をタップします。

⑤ 元記事のあるWebページが表示され、全文を読むことができます。左下の←をタップしてニュースの一覧画面に戻ります。

⑥ 画面下の［カルチャー］をタップすると、ファッションや音楽、映画などの記事が性別や年齢別のランキングで表示されます。

⑦ 画面下の［ライフ］をタップすると、クーポン、dポイントが当たるキャンペーン情報などのお得な情報が表示されます。

⑧ 画面下の［検索］をタップすると、指定したキーワードに関する記事を検索することができます。

ドコモデータコピーを利用する

Application

ドコモデータコピーでは、電話帳や画像などのデータをmicroSD
カードに保存できます。データが不意に消えてしまったときや、機
種変更するときにすぐにデータを戻すことができます。

■ ドコモデータコピーでデータをバックアップする

(1) ホーム画面で[アプリ一覧ボタン]
をタップし、[データコピー]をタッ
プします。表示されていない場合
は、P.121を参考にアプリをアッ
プデートします。

(3) 「ドコモデータコピー」画面で[バッ
クアップ&復元]をタップします。

(2) 初回起動時に「ドコモデータコ
ピー」画面が表示された場合は、
[規約に同意して利用を開始]を
タップします。

(4) 「アクセス許可」画面が表示され
たら[スタート]をタップし、[許可]
を7回タップして進みます。

⑤ 「暗号化設定」画面が表示されるので、ここではそのまま [設定] をタップします。

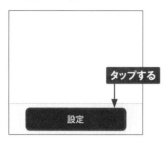

タップする
設定

⑥ 「バックアップ・復元」画面が表示されるので、[バックアップ] をタップします。

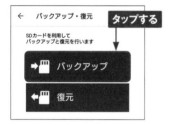

← バックアップ・復元 タップする
SDカードを利用して
バックアップと復元を行います
→📲 バックアップ
←📲 復元

⑦ 「バックアップ」画面でバックアップする項目をタップしてチェックを付け、[バックアップ開始] をタップします。

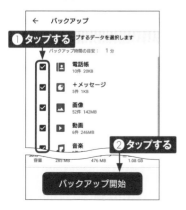

← バックアップ
❶ タップする プするデータを選択します
バックアップ時間の目安： 1分
☑ 📇 電話帳
10件 20KB
☑ 📩 +メッセージ
5件 1KB
☑ 🖼 画像
52件 142MB
☑ ▶ 動画
6件 246MB
📃 音楽
❷ タップする
容量 285 MB 476 MB 1.08 GB
バックアップ開始

⑧ 「確認」画面で [開始する] をタップします。

52件 142MB
▶ 動画
確認 タップする
選択したデータのバックアップを開始
しますか？
キャンセル 開始する

⑨ バックアップが行われます。

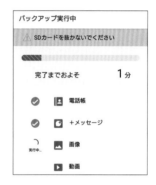

バックアップ実行中
⚠ SDカードを抜かないでください

完了までおよそ 1分

✓ 📇 電話帳
✓ 📩 +メッセージ
実行中... 🖼 画像
▶ 動画

⑩ バックアップが完了したら、[トップに戻る] をタップします。

バックアップ完了

バックアップが完了しました
バックアップの結果をご確認ください

✓ 📇 電話帳
10 / 10件
✓ 📩 +メッセージ
5 / 5件
✓ 🖼 画像
52 / 52件
✓ ▶ 動画
6 / 6件
✓ 📃 音楽
2 / 2件 タップする

トップに戻る

5

■ バックアップしたデータを復元する

(1) P.127手順⑥の画面で［復元］をタップします。

(2) 復元するデータをタップしてチェックを付け、［次へ］をタップします。

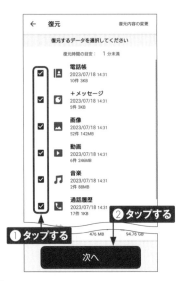

(3) データの復元方法を確認して［復元開始］をタップします。［復元方法を変更する場合はこちら］をタップすると、データごとに上書きするか追加するかを選べます（初期状態は「上書き」）。

(4) 「確認」画面が表示されるので、［開始する］をタップします。

(5) データが復元されます。

Chapter

6

音楽や写真・動画を
楽しむ

Section **46**

パソコンから音楽・写真・動画を取り込む

Application

Xperia 10 VはUSB Type-Cケーブルでパソコンと接続して、本体メモリやmicroSDカードに各種データを転送することができます。お気に入りの音楽や写真、動画を取り込みましょう。

■ パソコンとXperia 10 Vを接続する

1 パソコンとXperia 10 VをUSB Type-Cケーブルで接続します。パソコンでドライバーソフトのインストール画面が表示された場合はインストール完了まで待ちます。Xperia 10 Vのステータスバーを下方向にドラッグします。

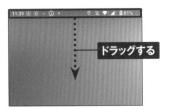

ドラッグする

2 [このデバイスをUSBで充電中] をタップします。

タップする

3 「USBの設定」画面が表示されるので、[ファイル転送] をタップします。

タップする

4 パソコンからXperia 10 Vにデータを転送できるようになります。

6

■ パソコンからファイルを転送する

1 パソコンでエクスプローラーを開き、「PC」にある [SO-52D] をクリックします。

2 [内部共有ストレージ] をダブルクリックします。microSDカードをXperia 10 Vに挿入している場合は、「SDカード」と「内部共有ストレージ」が表示されます。

3 Xperia 10 V内のフォルダやファイルが表示されます。

4 パソコンからコピーしたいファイルやフォルダをドラッグします。ここでは、音楽ファイルが入っている「音楽」というフォルダを「Music」フォルダにコピーします。

5 コピーが完了したら、パソコンからUSB Type-Cケーブルを外します。画面はコピーしたファイルをXperia 10 Vの「ミュージック」アプリで表示したところです。

6

Application

音楽を聴く

本体内に転送した音楽ファイル（P.131参照）は「ミュージック」アプリで再生することができます。ここでは、「ミュージック」アプリでの再生方法を紹介します。

音楽ファイルを再生する

1 アプリ一覧画面で［Sony］フォルダをタップして、［ミュージック］をタップします。初回起動時は、［許可］をタップします。

2 ホーム画面が表示されます。画面左上の≡をタップします。

3 メニューが表示されるので、ここでは［アルバム］をタップします。

4 端末に保存されている楽曲がアルバムごとに表示されます。再生したいアルバムをタップします。

(5) アルバム内の楽曲が表示されます。ハイレゾ音源（P.134参照）の場合は、曲名の右に「HR」と表示されています。再生したい楽曲をタップします。

(6) 楽曲が再生され、画面下部にコントローラーが表示されます。サムネイル画像をタップすると、ミュージックプレイヤー画面が表示されます。

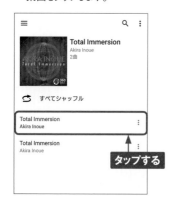

タップする

タップする

ミュージックプレイヤー画面の見方

タップすると、手順⑥の画面を表示します。

楽曲情報の表示などができます。

楽曲名、アーティスト名が表示されます。タップすると、次に再生する楽曲が一覧で表示されます。

アルバムアートワークがあればジャケットが表示されます。左右にスワイプすると、次曲／前曲を再生できます。

左右にドラッグすると、楽曲の再生位置を調整できます。

プレイリストに追加できます。

楽曲の経過時間が表示されます。

楽曲の全体時間が表示されます。

各ボタンをタップして、楽曲の再生操作を行えます。

ハイレゾ音源を再生する

Application

「ミュージック」アプリでは、ハイレゾ音源を再生することができます。また、設定により、通常の音源でもハイレゾ相当の高音質で聴くことができます。

■ ハイレゾ音源の再生に必要なもの

Xperia 10 Vでは、本体上部のヘッドセット接続端子にハイレゾ対応のヘッドホンやイヤホンを接続したり、ハイレゾ対応のBluetoothヘッドホンを接続したりすることで、高音質なハイレゾ音楽を楽しむことができます。

ハイレゾ音源は、Google Play（P.98参照）でインストールできる「mora」アプリやインターネット上のハイレゾ音源販売サイトなどから購入することができます。ハイレゾ音源の音楽ファイルは、通常の音楽ファイルに比べてファイルサイズが大きいので、microSDカードを利用して保存するのがおすすめです。

また、ハイレゾ音源ではない音楽ファイルでも、DSEE Ultimateを有効にすることで、ハイレゾ音源に近い音質（192kHz/24bit）で聴くことが可能です（P.135参照）。

「mora」の場合、Webサイトのストアでハイレゾ音源の楽曲を購入し、「mora」アプリでダウンロードを行います。

 MEMO 音楽ファイルをmicroSDカードに移動するには

本体メモリ（内部共有ストレージ）に保存した音楽ファイルをmicroSDカードに移動するには、「設定」アプリを起動して、[ストレージ] → [音声] の順にタップします。移動したいファイルをロングタッチして選択したら、⋮→[移動]→[SDカード] →転送したいフォルダ→ [ここに移動] の順にタップします。これにより、本体メモリの容量を空けることができます。

■ 通常の音源をハイレゾ音源並の高音質で聴く

(1) P.18を参考に［設定］アプリを起動して、［音設定］→［オーディオ設定］の順にタップします。

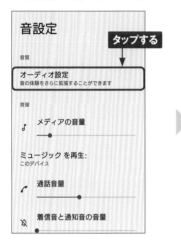

(2) ［DSEE Ultimate］をタップして、🔘を🔘に切り替えます。

DSEE Ultimateとは

DSEEはソニー独自の音質向上技術で、音楽や動画・ゲームの音声を、ハイレゾ音質に変換して再生することができます。MP3などの音楽のデータは44.1kHzまたは48kHz/16bitで、さらに圧縮されて音質が劣化していますが、これをAI処理により補完して192kHz/24bitのデータに拡張してくれます。DSEE Ultimateではワイヤレス再生にも対応しており、LDACに対応したBluetoothヘッドホンでも効果を体感できます。

立体音響を楽しむ

手順②の画面で［360 Reality Audio］をタップし画面の指示に従って設定すると、対応ヘッドホンを使用して360度すべての方向から音を楽しむことができます。また、［360 Upmix］をタップしてオンにすると、通常のステレオ音源を立体的で臨場感のある音として楽しむことが可能です。

6

135

写真や動画を撮影する

Xperia 10 Vは高性能なカメラを搭載しています。シャッターボタンをタップするだけで、シーンに合わせた最適な設定で写真や動画を撮ることができます。

「カメラ」アプリの初期設定を行う

1 ホーム画面で [カメラ] をタップします。

タップする

2 「撮影場所を記録しますか?」と表示されたら、[いいえ]もしくは[はい]をタップします。

撮影場所を記録しますか?

写真やビデオに撮影場所の位置情報を付けることができます。この設定は後から、カメラ設定の[位置情報を保存]で変更できます。

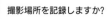

タップする

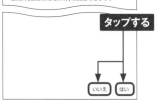

いいえ　はい

3 位置情報のアクセスに関する画面が表示されたらいずれかをタップし、[次へ] → [次へ] → [OK] をタップするとカメラが利用できるようになります。

正確　おお タップする

アプリの使用時のみ

今回のみ

許可しない

MEMO ジオタグの有効/無効

手順②で [はい]、手順③で [アプリの使用時のみ] か [今回のみ] をタップすると、撮影した写真に撮影場所の位置情報(ジオタグ)が記録されます。位置を知られたくない場所で撮影する場合は、オフにしましょう。ジオタグのオン/オフは、P.141手順③の画面で[位置情報を保存]をタップしオフにすることでも変更できます。

写真を撮影する

(1) P.136を参考に「カメラ」アプリを起動します。画面をタップし、ピンチイン／ピンチアウトすると、ズームアウト／ズームインでき、画面上に倍率が表示されます。

(2) ピントを合わせたい場所がある場合は、画面をタップするとすぐにピントが合います。○をタップすると、写真が撮影されます。

(3) 写真を撮影すると、画面右下に撮影した写真のサムネイルが表示されます。撮影を終了するには◀をタップします。

MEMO 保存先や各種設定の変更

撮影した写真をmicroSDカードに保存したい場合は、手順③の画面で🔧をタップし、[保存先]→[SDカード]の順にタップします。そのほか、設定画面では画像のサイズや位置情報の保存のオン／オフ、グリッドラインの表示など、さまざまな設定が変更できます。

6

動画を撮影する

(1) 「カメラ」アプリを起動し、画面を左方向にスワイプして「ビデオ」モードに切り替えます。

スワイプする

ビデオに切り替える

(2) ◉をタップすると、動画の撮影が始まります。

タップする

(3) 動画の録画中は画面左上に録画時間が表示されます。◉をタップすると、撮影が終了します。「フォト」モードに戻すには画面を右方向にスワイプします。

録画時間が表示される

タップする

MEMO 動画撮影中に写真を撮るには

動画撮影中に◎をタップすると写真を撮影することができます。写真を撮影してもシャッター音は鳴らないので、動画に音が入り込む心配はありません。

タップする

「カメラ」アプリの画面の見方

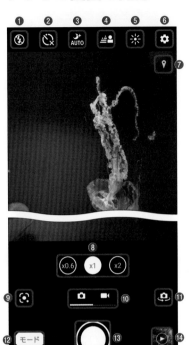

❶	フラッシュの設定ができます。	❾	最近使った撮影モードのアイコンが表示され、タップすると切り替わります。
❷	セルフタイマーを設定します（P.140参照）。	❿	画面をスワイプすると「フォト」モードと「ビデオ」モードを切り替えることができます。
❸	ナイト撮影の設定ができます。	⓫	メインカメラとフロントカメラを切り替えることができます。
❹	ぼけ効果の設定ができます。		
❺	明るさや色合いが変更できます。	⓬	撮影モード（P.141MEMO参照）を切り替えることができます。
❻	設定項目が表示されます。		
❼	位置情報保存中など本体の状態を表すアイコンが表示されます。	⓭	写真や動画を撮影します。動画撮影中は一時停止・停止ボタンが表示されます。
❽	タップするか左右にドラッグしてレンズを切り替えることができます。	⓮	直前に撮影した写真や動画がサムネイルで表示されます。

カメラの撮影機能を
活用する

Application

Xperia 10 Vのカメラには、セルフタイマー機能、被写体へのズームが楽に行えるズーム構図アシスト機能、撮影したものを調べるGoogle Lens機能などがあります。活用すれば撮影をより楽しめます。

セルフタイマーで撮影する

(1) P.136を参考に「カメラ」アプリを起動し、画面上部の回をタップして、セルフタイマーの設定メニューを開きます。

タップする

(2) セルフタイマーの秒数（ここでは[3秒]）をタップします。

タップする

(3) セルフタイマーが設定されました。

(4) シャッターボタンのアイコンがタイマーの形に変わります。タップすると、3秒後に撮影が行われます。

タップする

その他の機能

① 「カメラ」アプリの右上の⚙をタップすると「カメラ設定」画面が開きます。「カメラ設定」画面では様々な設定を行えます。各項目をタップすることで機能のオンオフ切り替えや設定の選択を行います。

タップする

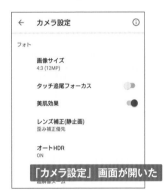

「カメラ設定」画面が開いた

② 動画撮影（P.138参照）中に同様の操作を行うと「カメラ設定」画面の上部がビデオ用のものに変更されます。動画のサイズや手振れ補正の有無などを設定できます。

③ 下部には静止画、動画で共通の設定項目が表示されます。[位置情報を保存]をオンにしていると写真に撮影した場所の情報が残るので注意しましょう。

MEMO **撮影モード**

P.137手順①で［モード］をタップするとマニュアル設定やパノラマなどの撮影モードを切り替えることができます。

Google Lensで被写体の情報を調べる

① 「カメラ」アプリを起動し、画面左下の[モード]をタップして[Google Lens]をタップします。

② 初回は説明の画面が表示されるので、[カメラを起動]をタップします。

③ アクセス許可に関する画面が表示されたら、[アプリの使用時のみ]や[今回のみ]をタップします。

④ 調べたい被写体にカメラを向け、シャッターボタンをタップします。

(5) 画面下に検索結果が表示されるので、上方向にスワイプします。

スワイプする

(6) 検索結果が表示されます。∨をタップすると撮影画面に戻ります。

(7) 画面下のカテゴリを左右にスクロールして [場所] を選択し、建物にカメラを向けると建物の名前がわかります。

建物の名前がわかった

建物にカメラを向けると、詳細がわかります

① スクロールする

② カメラを向ける

MEMO Google Lensで調べられるもの

Google Lensでは、撮影したものを調べられるほか、テキストを撮影して翻訳したり、撮影した文字をコピーしたりすることもできます。そのほか、バーコードをスキャンして製品の情報を調べたり、被写体の価格を調べたりすることも可能です。また、「フォト」アプリでは、撮影済みの写真をもとにGoogle Lensで調べることもできます（P.147参照）。

6

写真や動画を
閲覧・編集する

Application

撮影した写真や動画は、「フォト」アプリで閲覧することができます。
「フォト」アプリは、閲覧だけでなく、自動的にクラウドストレージに
写真をバックアップする機能も持っています。

「フォト」アプリで写真や動画を閲覧する

(1) ホーム画面で［フォト］をタップします。

タップする

(2) バックアップの設定をするか聞かれるので、ここでは［バックアップをオンにする］をタップします。通知の許可画面が表示されたら、ここでは［許可］をタップします。

技術花子

タップする

バックアップしない　バックアップをオンにする

(3) 「フォト」アプリの画面が開き、写真や動画を閲覧できるようになります。

Google フォト

スタイルを適用した新しい写真　日曜日を振り返る

昨日

MEMO　**保存画質の選択**

「フォト」アプリでは、Googleドライブの保存容量の上限（標準で15GB）まで写真をクラウドに保存することができます。手順③で右上のアイコンをタップし、［フォトの設定］→［バックアップ］→［バックアップの画質］→［保存容量の節約画質］→［選択］の順にタップすると、画像サイズが調整され小さくなります。画質も落ちますが、気にならないレベルなので、写真をたくさん保存したい場合は［保存容量の節約画質］を選択するとよいでしょう。

④ [フォト]をタップすると本体内の写真や動画が表示されます（動画には時間が表示されています）。閲覧したい写真をタップします。

❶タップする　❷タップする

⑤ 写真が表示されます。タップすることで、メニューの表示／非表示を切り替えることができます。また、左右にスワイプすると前後の写真が表示されます。

❶タップする
❷スワイプする

⑥ ダブルタップすると写真が拡大されます。もう一度ダブルタップすると元の大きさに戻ります。

ダブルタップする

⑦ 手順④の画面に戻るときは、画面を一度タップし、左上の←をタップします。

タップする

6

MEMO 動画の再生

手順④の画面で動画をタップすると、動画が再生されます。再生を止めたいときなどは、動画をタップし画面中央に表示される⏸をタップします。

写真を検索して閲覧する

1 P.144手順①を参考に「フォト」アプリを起動して、[検索] をタップします。

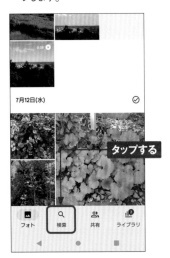

タップする

2 [写真を検索] をタップします。

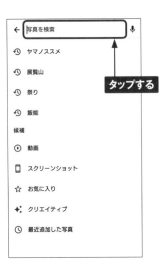

タップする

3 検索したい写真に関するキーワードや日付などを入力して、✓をタップします。

❶ 入力する

❷ タップする

4 検索された写真が一覧表示されます。タップすると大きく表示されます。

MEMO 検索しても写真が見つからない場合

「フォト」アプリで写真を検索しても見つからない場合があります。そういったときは、しばらく時間をあけてから再び検索するとうまく見つかることがあります。

Google Lensで撮影したものを調べる

1 P.145手順④を参考に、情報を調べたい写真を表示し、⚫をタップします。

2 候補が表示されます。調べたい被写体が別にある場合は、それをタップします。

3 表示される枠の範囲を必要に応じてドラッグして変更もできます。画面下に検索結果が表示されるので、上方向にスワイプします。

4 検索結果が表示されます。✓をタップすると手順③の画面に戻ります。

写真を編集する

1 P.145手順④を参考に写真を表示して、■ をタップします。「Google One」プランに関する説明が表示されたら左上の×をタップして閉じます。

タップする

① HDRで明るくする ×

共有　編集　レンズ　削除

2 写真の編集画面が表示されます。[補正] をタップすると、写真が自動で補正されます。

タップする

ダイナミック　補正　ビビッド　ル

候補　切り抜き　ツー

キャンセル　コピーを保存

3 写真にフィルタをかける場合は、画面下のメニュー項目を左右にスクロールして [フィルタ] を選択します。

❶スクロールする

なし　ビビッド　ブラヤ　ハニー

ツール　調整　フィルタ　マークアップ

キャンセル　**❷選択する**

4 フィルタを左右にスクロールし、かけたいフィルタ（ここでは [ハニー]）をタップします。

❶スクロールする

ブラヤ　ハニー　アイラ　デザート

ツール　調整　フィルタ　**❷タップする**

キャンセル　コピーを保存

(5) P.148手順③の画面で［調整］を選択すると、明るさやコントラストなどを調整できます。各項目のスライダーを左右にドラッグし、[完了]をタップします。

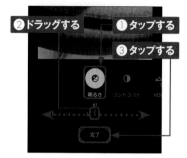
②ドラッグする　①タップする
③タップする
明るさ　コントラスト　HDR
61
完了

(6) P.148手順③の画面で［切り抜き］を選択すると、写真のトリミングや角度調整が行えます。◯をドラッグしてトリミングを行い、画面下部の目盛りを左右にドラッグして角度を調整します。

①ドラッグする
0°
候補　切り抜き　ツール　調整
キャンセル
②ドラッグする

(7) 編集が終わったら、[コピーを保存]をタップします。

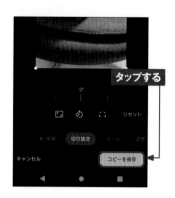
タップする
0°
リセット
候補　切り抜き　ツール　調整
キャンセル　コピーを保存

MEMO　そのほかの編集機能

P.148手順③の画面で［マークアップ］を選択すると写真に色を塗ったり手書き文字などを書き込むことができます。また月額250円の「Google One」プランに登録するとより多くの機能を利用することが可能になります。

大好き❤
これからも
ずっと一緒
① Google One の1か月間のトライアルでこの機能や他の機能をご利用ください →
ペン　蛍光ペン　テキスト
クリア　↩　完了

6

写真や動画を削除する

1 P.145手順④の画面で、削除したい写真をロングタッチします。

ロングタッチする

2 写真が選択されます。このとき、日にち部分をタップする、もしくは手順①で日付部分をタップすると、同じ日に撮影した写真や動画をまとめて選択することができます。回をタップします。

タップする

3 [ゴミ箱に移動] をタップします。

Google アカウントと、バックアップがオンになっている他のすべてのデバイスから削除してもよろしいですか？削除すると、Google アカウントの空き容量が 8.0 MB 増えます。

🗑 ゴミ箱に移動 (3 個) ← タップする

4 写真が削除されます。削除直後に画面下部に表示される [元に戻す] をタップすると、削除がキャンセルされます。

7月12日(水)

3 件をゴミ箱に移動しました　元に戻す

MEMO 削除した写真や動画の復元

写真や動画を削除すると、いったんゴミ箱に移動し、60日後（バックアップしていない場合は30日後）に完全に削除されます。復元したい場合は、P.145手順④の画面で [ライブラリ] → [ゴミ箱] をタップし、復元したい写真や動画をロングタッチして選択し、[復元] をタップします。

Xperia 10 Vを
使いこなす

ホーム画面を
カスタマイズする

Application

アプリ一覧画面にあるアイコンは、ホーム画面に表示することができます。ホーム画面のアイコンは任意の位置に移動したり、フォルダを作成して複数のアプリアイコンをまとめたりすることも可能です。

アプリアイコンをホーム画面に表示する

(1) ホーム画面で[アプリ一覧ボタン]をタップしてアプリ一覧画面を表示します。移動したいアプリアイコンをロングタッチし、[ホーム画面に追加]をタップします。

(2) アプリアイコンがホーム画面上に表示されます。

(3) ホーム画面のアプリアイコンをロングタッチします。

(4) ドラッグして、任意の位置に移動することができます。左右のページに移動することも可能です。

■ アプリアイコンをホーム画面から削除する

① ホーム画面から削除したいアプリアイコンをロングタッチします。

③ ホーム画面上からアプリアイコンが削除されます。

② 画面上部にドラッグすると [削除] が表示されるので、[削除] までドラッグします。

✎ MEMO アイコンの削除とアプリのアンインストール

手順②の画面で「削除」と「アンインストール」が表示される場合、「削除」にドラッグするとアプリアイコンが削除されますが、「アンインストール」にドラッグするとアプリそのものが削除（アンインストール）されます。

7

■ フォルダを作成する

(1) ホーム画面でフォルダに収めたいアプリアイコンをロングタッチします。

ロングタッチする

(2) 同じフォルダに収めたいアプリアイコンの上にドラッグします。

ドラッグする

(3) 「フォルダの作成」画面が表示されるので [作成する] をタップすると、フォルダが作成されます。

タップする

フォルダの作成
フォルダを作成しますか？

キャンセル　作成する

(4) フォルダをタップすると、フォルダが開いて、中のアプリアイコンが表示されます。フォルダ名をタップして任意の名前を入力し、✓をタップすると、フォルダ名を変更できます。

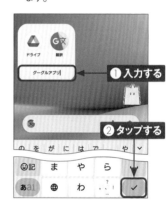

❶ 入力する

❷ タップする

MEMO ドックのアイコンの入れ替え

ホーム画面下部にあるドックのアイコンは、入れ替えることができます。ドックのアイコンを任意の場所にドラッグし、かわりに配置したいアイコンをドックに移動します。

ドラッグする

7

■ ホームアプリを変更する

① P.18を参考に「設定」アプリを起動し、[アプリ] → [標準のアプリ] → [ホームアプリ] の順にタップします。

デフォルトのアプリ

G デジタル アシスタント アプリ
  Google

タップする

● ブラウザアプリ
  Chrome

🏠 ホームアプリ   ⚙
  docomo LIVE UX

② 好みのホームアプリをタップします。ここでは [Xperiaホーム] をタップします。

デフォルトのホーム
アプリ

○ 🏠 かんたんホーム

○ 🔵 Disney DX

タップする

◉ 🏠 docomo LIVE UX

○ 🏠 Xperiaホーム

③ ホームアプリが「Xperiaホーム」に変更されます。ホーム画面の操作が一部本書とは異なるので注意してください。なお、標準のホームアプリに戻すには、「設定」アプリから再度手順②の画面を表示して [docomo LIVE UX] をタップします。

7

MEMO 「かんたんホーム」とは

手順②で選択できる「かんたんホーム」は、基本的な機能や設定がわかりやすくまとめられたホームアプリです。「かんたんホーム」から標準のホームアプリに戻すには、[設定] → [ホーム切替] → [OK] → [docomo LIVE UX] の順にタップします。

クイック設定ツールを利用する

OS・Hardware

クイック設定ツールは、Xperia 10 Vの主な機能をかんたんに切り替えられるほか、状態もひと目でわかるようになっています。ほかにもドラッグ操作で画面の明るさも調節できます。

クイック設定パネルを展開する

(1) ステータスバーを2本指で下方向にドラッグします。うまくいかない場合はステータスバーを2度下方向にドラッグしても同様の操作ができます。

2本指でドラッグする

(2) クイック設定パネルが表示されます。表示されているクイック設定ツールをタップすると、機能のオン／オフを切り替えることができます。

タップする

(3) クイック設定パネルの画面を左方向にスワイプすると、次のパネルに切り替わります。

スワイプする

(4) を2回タップすると、もとの画面に戻ります。

2回タップする

■ クイック設定ツールの機能

クイック設定パネルでは、タップして設定のオン／オフを切り替えられるだけでなく、ロングタッチすると詳細な設定が表示されるものもあります。

タップすると簡易設定が、ロングタッチすると詳細な設定が表示されます。

オン／オフを切り替えられます。

画面の明るさを調節できます。

クイック設定ツールの列	オンにしたときの動作
インターネット	モバイル回線やWi-Fiの接続をオン／オフしたり設定したりできます。（P.180参照）。
Bluetooth	Bluetoothをオンにします（P.184参照）。
自動回転	Xperia 10 Vを横向きにすると、画面も横向きに表示されます。
機内モード	すべての通信をオフにします。
デバイスコントロール	本端末に接続されているデバイスを操作できます。
マナーモード	マナーモードに切り替えます（P.59参照）。
位置情報	位置情報をオンにします。
ニアバイシェア	付近の対応機器とファイルを共有します。
ライト	Xperia 10 Vの背面のライトを点灯します。
STAMINAモード	STAMINAモードをオンにします（P.186参照）。
テザリング	Wi-Fiテザリングをオンにします（P.182参照）。
スクリーンレコード開始	表示されている画面を動画で録画します。
QRコードのスキャン	QRコードをスキャンして読み取ります。

ロック画面に通知を
表示しないようにする

Application

「+メッセージ」などの通知はロック画面にメッセージの一部が表示されるため、他人に見られてしまう可能性があります。設定を変更してロック画面に通知を表示しないようにすることができます。

ロック画面に通知を表示しないようにする

(1) P.18を参考に「設定」アプリを起動して、[通知] をタップします。

(2) 上方向にスクロールします。

(3) [ロック画面上の通知] をタップします。

(4) [通知を表示しない] をタップすると、ロック画面に通知が表示されなくなります。

不要な通知が
表示されないようにする

Application

通知はホーム画面やロック画面に表示されますが、アプリごとに通知のオン／オフを設定することができます。また、通知パネルから通知をロングタッチして、通知をオフにすることもできます。

アプリからの通知をオフにする

(1) P.18を参考に「設定」アプリを起動して、[通知] → [アプリの設定]の順にタップします。

通知

タップする

管理

アプリの設定
各アプリからの通知の管理

(2) [新しい順] → [すべてのアプリ]の順にタップし、通知をオフにしたいアプリ（ここでは[ドコモメール]）をタップします。

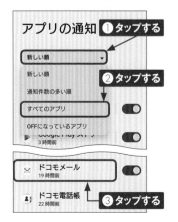

アプリの通知　①タップする

新しい順

新しい順　②タップする

通知件数の多い順

すべてのアプリ

OFFになっているアプリ

Google Play ストア
3時間前

ドコモメール
19時間前

ドコモ電話帳　③タップする
22時間前

(3) 選択したアプリの通知に関する設定画面が表示されるので、[○○のすべての通知]をタップします。

ドコモメール　タップする

ドコモメール のすべての通知

(4) ⬤ が ⬤ になり、「ドコモメール」アプリからの通知がオフになります。なお、アプリによっては、通知がオフにできないものもあります。

ドコモメール　タップする

ドコモメール のすべての通知

MEMO　通知パネルでの設定変更

P.17を参考に通知パネルを表示し、通知をオフにしたいアプリをロングタッチして、[通知をOFFにする]をタップすると、そのアプリからの通知設定が変更できます。

7

画面ロックの解除に暗証番号を設定する

画面ロックの解除に暗証番号を設定することができます。設定を行うとP.11手順②の画面に［ロックダウン］が追加され、タップすると指紋認証や通知が無効になった状態でロックされます。

画面ロックの解除に暗証番号を設定する

1 P.18を参考に「設定」アプリを起動して、［セキュリティ］→［画面のロック］の順にタップします。

2 ［ロックNo.]をタップします。「ロックNo.」とは画面ロックの解除に必要な暗証番号のことです。

3 テンキーで4桁以上の数字を入力し、［次へ］をタップして、次の画面でも再度同じ数字を入力し、［確認］をタップします。

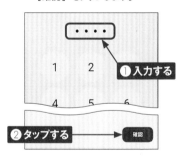

4 ロック画面での通知の表示方法をタップして選択し、［完了］をタップすると、設定完了です。

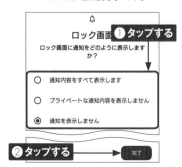

7

■ 暗証番号で画面ロックを解除する

(1) スリープモード（P.10参照）の状態で、電源キーを押します。

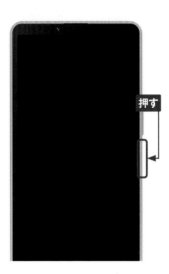

押す

(2) ロック画面が表示されます。画面を上方向にスワイプします。

15:16

7月20日木曜日

スワイプする

USB デバッグが接続されました
無効にするにはここをタップし

セットアップを完了させてくださ…
ここをタップしてやめましょう

ご利用規約に同意してください・2日
規約が改定された場合もこの通知が…

(3) P.160手順③で設定した暗証番号（ロックNo.）を入力して →] を タップすると、画面ロックが解除されます。

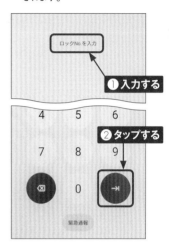

ロックNo.を入力

❶入力する

| 4 | 5 | 6 |
| 7 | 8 | 9 |

❷タップする

0

緊急通報

MEMO　暗証番号の変更

設定した暗証番号を変更するには、P.160手順①で［画面のロック］をタップし、現在のロックNo.を入力します。表示される「新しい画面ロックの選択」画面で［ロックNo.］をタップすると、暗証番号を再設定できます。初期状態に戻すには、［なし］→［削除］の順にタップします。

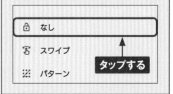

🔒	なし
🔓	スワイプ
⋰	パターン

タップする

7

画面ロックの解除に 指紋認証を設定する

Application

Xperia 10 Vは電源キーのところに指紋センサーが搭載されています。指紋を登録することで、ロックをすばやく解除できるようになるだけでなく、セキュリティも強化することができます。

指紋を登録する

(1) P.18を参考に「設定」アプリを起動して、[セキュリティ]をタップします。

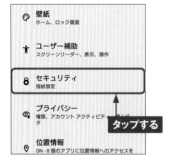

@ 壁紙
ホーム、ロック画面

† ユーザー補助
スクリーンリーダー、表示、操作

θ セキュリティ
指紋設定

@ プライバシー
権限、アカウント アクティビティ、データ
タ
タップする

⊙ 位置情報
ON - 8 個のアプリに位置情報へのアクセスを

(2) [指紋設定]をタップします。

デバイスのセキュリティ

画面のロック
ロックNo.   ⚙

指紋設定
指紋ロック解除機能は無効です

押し込み式指紋認証
スリープモードで意図せず電源ボタンに触
れることによるロック解除を防止します。
指紋認証でロック解除したいときは、電源 **タップする**
ボタンを押した後、指を離さないでくだ
い。

セキュリティの詳細設定
暗号化、認証情報など

(3) 画面ロックが設定されていない場合は「画面ロックの選択」画面が表示されるので [指紋+ロックNo.]をタップして、P.160を参考に設定します。画面ロックを設定している場合は入力画面が表示されるので、P.161の方法で解除します。

画面ロックの選択

予備の画面ロック方式を選択して **タップする**

⋮⋮ 指紋 + パターン

⋮⋮⋮ 指紋 + ロックNo.

(4) 「指紋の設定」画面が表示されるので、[もっと見る] → [同意する] → [次へ]の順にタップします。

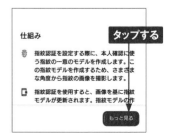

仕組み   **タップする**

⊛ 指紋認証を設定する際に、本人確認に使
う指紋の一意のモデルを作成します。こ
の指紋モデルを作成するため、さまざま
な角度から指紋の画像を撮影します。

🖫 指紋認証を使用すると、画像を基に指紋
モデルが更新されます。指紋モデルの作

もっと見る

(5) いずれかの指を指紋センサー（P.8参照）の上に置くと、指紋の登録が始まります。画面の指示に従って、指をタッチする、離すをくり返します。

🔒

1. 認証時に触れる指紋中央部を登録

実際に認証に使う部分を重点的に登録します。センサーに触れて振動したら離し、触れた部分が重なるようわずかにずらしながら繰り返します。

指を離してから、もう一度センサーに触れてください。

(6) 「指紋を追加しました」と表示されたら、[完了] をタップします。

指紋を追加しました

指紋認証は、スマートフォンのロック解除やアプリの本人確認に使用する回数が増えるにつれて、精度が向上します

他の指紋を追加

タップする

完了

(7) ロック画面を表示して、手順⑤で登録した指を指紋センサーの上に置くと、画面ロックが解除されます。

登録した指を置く

docomo

15:27

7月20日木曜日

USB デバッグが接続されました
無効にするにはここをタップして…

セットアップを完了させてください

MEMO

Google Playで指紋認証を利用するには

Google Playで指紋認証を設定すると、アプリを購入する際に、パスワード入力のかわりに指紋認証が利用できます。指紋を設定後、Google Playで画面右上のアカウントアイコンをタップし、[設定] → [認証] → [生体認証] の順にタップして、画面の指示に従って設定してください。

認証
指紋認証、購入時の認証方法

生体認証
このデバイスでの Google Play からの購入

購入時には認証を必要とする
このデバイスでの Google Play からのすべての購入

タップする

ファミリー
保護者による使用制限、保護者向けガイド

画面を分割表示する

OS・Hardware

Xperia 10 Vでは、画面をポップアップ形式や分割形式で分割して2つのアプリを同時に表示することができます。なお、分割表示に対応していないアプリもあります。

■ ポップアップ形式で分割する

(1) 分割して表示したいアプリをあらかじめ開いておき、アプリの切り替え画面（P.19参照）で［ポップアップウィンドウ］をタップします。

スクリーンショット　ポップアップウィンドウ　マルチウィンドウスイッチ　**タップする**

(2) アプリが手前にポップアップ状態で表示されます。左右にスワイプして背面に表示したいアプリを選んでタップします。

①スワイプする　　**②タップする**

手前に表示される

(3) 手前と奥に分割して表示されるようになります。ポップアップ側のウィンドウサイズは四隅をドラッグして調節できます。ポップアップ側をタップすると表示されるメニューバーから移動や最小化、最大化も行えます。

(4) ポップアップ側の✕をタップするとポップアップ表示が終了します。

タップする

■ 上下に分割する

① P.164手順①の画面で [マルチウィンドウスイッチ] をタップします。

② 上と下に表示したいアプリをスワイプして選択します。

③ [確定] をタップします。あらかじめ設定された組み合わせを呼び出すこともできます。

④ 選択したアプリが分割表示され、それぞれ操作できるようになります。田をタップすると前の画面に戻ります。

⑤ 中央の▬▬をドラッグすると、表示範囲を変更できます。

⑥ 分割表示を終了するには中央の▬▬を画面上部または下部までドラッグします。

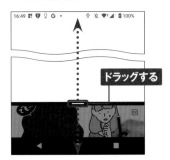

7

スリープモードになるまでの時間を変更する

Application

スリープモードになるまでの時間が短いと、突然スリープモードになってしまって困ることがあります。ちょっと時間が短いなと思ったら、スリープモードになるまでの時間を長くしておきましょう。

スリープモードになるまでの時間を変更する

1 P.18を参考に「設定」アプリを起動して、[画面設定] → [画面消灯] の順にタップします。

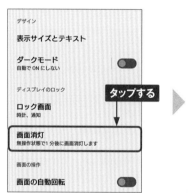

2 スリープモードになるまでの時間をタップします。

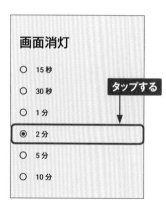

MEMO 画面消灯後のロック時間の変更

画面のロック方法がロックNo. /パターン/パスワードの場合、画面が消えてスリープモードになった後、ロックがかかるまでには時間差があります。この時間を変更するには、P.162手順②の画面を表示して、[画面のロック]の✿をタップし、[画面消灯後からロックまでの時間]をタップして、ロックがかかるまでの時間をタップします。

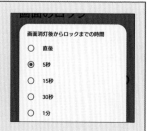

Application

画面の明るさを変更する

画面の明るさは周囲の明るさに合わせて自動で調整されますが、手動で変更することもできます。暗い場所や直射日光が当たる場所などで見にくい場合は、手動で変更してみましょう。

見やすい明るさに調節する

(1) ステータスバーを2本指で下方向にドラッグして、クイック設定パネル (P.156参照) を表示します。

2本指でドラッグする

(2) 上部のスライダーを左右にドラッグして、画面の明るさを調節します。

ドラッグする

MEMO 明るさの自動調節のオン/オフ

P.18を参考に「設定」アプリを起動して、[画面設定] → [明るさの自動調節] をタップし、[明るさの自動調節を使用] をタップすることで、画面の明るさの自動調節のオン/オフを切り替えることができます。オフにすると、周囲の明るさに関係なく、画面は一定の明るさになります。

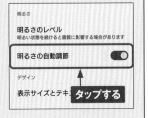

タップする

ブルーライトをカットする

Application

Xperia 10 Vには、ブルーライトを軽減できる「ナイトライト」機能があります。就寝時や暗い場所で操作するときに目の疲れを軽減できます。また、時間を指定してナイトライトを設定することも可能です。

指定した時間にナイトライトを設定する

① P.18を参考に「設定」アプリを起動して[画面設定]→[ナイトライト]の順にタップします。

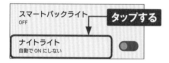

スマートバックライト
OFF

タップする

ナイトライト
自動でON にしない

② [ナイトライトを使用]をタップします。

ナイトライトを利用すると画面が黄色みがかった色になり、薄明かりの下でも画面を見やすく

タップする

ナイトライトを使用

③ ナイトライトがオンになり、画面が黄色みがかった色になります。● を左右にドラッグして色味を調整したら、[スケジュール]をタップします。

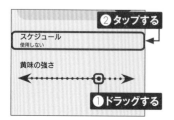

❷タップする

スケジュール
使用しない

黄味の強さ

❶ドラッグする

④ [指定した時刻にON]をタップします。[使用しない]をタップすると、常にナイトライトがオンのままになります。

ナイトライトを使用

スケジュール
使用し

使用しない

タップする

黄味

指定した時刻にON

日の入りから日の出まで ON

⑤ [開始時刻]と[終了時刻]をタップして設定すると、指定した時間の間は、ナイトライトがオンになります。

ナイトライトを利用すると画面が黄色みがかった色になり、薄明かりの下でも画面を見やすくなります。

ナイトライトを使用

スケジュール
指定した時刻にON

開始時刻
22:00

タップして設定する

終了時刻
6:00

黄味の強さ

ダークモードを利用する

Application

Xperia 10 Vでは、画面全体を黒を基調とした目に優しく、省電力にもなるダークモードを利用できます。ダークモードに変更すると、対応するアプリもダークモードになります。

ダークモードに変更する

(1) P.18を参考に「設定」アプリを起動して、[画面設定] をタップします。

- 音設定
  音量、バイブレーション、サイレント モード

- 画面設定
  明るさのレベル、スリープ、フォントサイズ

- 操作と表示
  操作性や画面表示アイテムをカスタマイ **タップする**

- 壁紙
  ホーム、ロック画面

- ユーザー補助
  スクリーンリーダー、表示、操作

(2) [ダークモード] → [ダークモードを使用] の順にタップします。

ダークモード **タップする**

ダークモードでは黒い背景を使用するため、一部の画面で電池が長持ちします。スケジュールを設定した場合、時刻を過ぎても画面がOFFになるまではダークモードに切り替わりません。

ダークモードを使用

スケジュール
なし

(3) 画面全体が黒を基調とした色に変更されます。

ダークモード

ダークモードでは黒い背景を使用するため、一部の画面で電池が長持ちします。スケジュールを設定した場合、時刻を過ぎても画面がOFFになるまではダークモードに切り替わりません。

ダークモードを使用

スケジュール

(4) 対応するアプリもダークモードで表示されます。もとに戻すには再度手順①～②の操作を行います。

アプリとゲーム...

おすすめ　ランキング　子供　カテゴリ

U-NEXTのブックサービスがリニューアル！人気マンガが毎日無料で読め...
U-NEXTの「ブック」サービスがリニューアル...

U-NEXT／ユー...　インストール

7

文字やアイコンの表示サイズを変更する

Application

画面の文字やアイコンが小さすぎて見にくいときは、表示サイズを変更しましょう。フォントサイズの変更（MEMO参照）と異なり、アプリのアイコンや画面のデザインも拡大表示されます。

文字やアイコンの表示サイズを変更する

(1) P.18を参考に「設定」アプリを起動して、[画面設定] → [表示サイズとテキスト] の順にタップします。

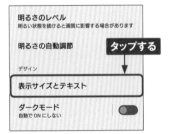

(2) 下部にあるスライダーを左右にドラッグして、サイズを変更します。表示結果は画面上部で確認できます。

(3) 文字やアイコンなど、画面表示が全体的に拡大されます。ホーム画面などでは、アイコンの並びが変わることがあります。

MEMO フォントサイズを変更する

文字の大きさだけを変更したいときは、手順②や③の画面で「フォントサイズ」のスライダーを左右にドラッグして設定します。

片手で操作しやすくする

Application

Xperia 10 Vには「片手モード」という機能があります。ホームボタンをダブルタップすると、片手で操作しやすいように画面の表示が下方向にスライドされ、指が届きやすくなります。

片手モードで表示する

1 P.18を参考に、「設定」アプリを起動し、[画面設定] → [片手モード] の順にタップします。

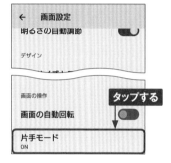

2 [片手モードの使用] をタップして ⬤ にします。

3 ホームボタンをダブルタップすると片手モードになります。

4 画面が下方向にスライドされ、指が届きやすくなります。

7

171

サイドセンスで操作を
快適にする

Application

Xperia 10 Vには、「サイドセンス」という機能があります。画面中央右端のサイドセンスバーをダブルタップしてメニューを表示したり、スライドしてバック操作を行ったりすることが可能です。

サイドセンスを利用する

(1) ホーム画面などで端にあるサイドセンスバーをダブルタップします。初回は [OK] をタップします。

ダブルタップする

(2) サイドセンスメニューが表示されます。上下にドラッグして位置を調節し、起動したいアプリ（ここでは[設定]）をタップします。

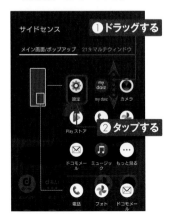

サイドセンス　❶ドラッグする

メイン画面/ポップアップ　21:9マルチウィンドウ

設定　my daiz　カメラ

Play ストア　❷タップする

ドコモメール　ミュージック　もっと見る

電話　フォト　ドコモメール

(3) タップしたアプリが起動します。

設定

Q 設定を検索

📶 ネットワークとインターネット
モバイル、Wi-Fi、アクセス ポイント

📳 機器接続
Bluetooth、Android Auto、NFC

MEMO サイドセンスの
そのほかの機能

手順②の画面に表示されるサイドセンスメニューには、使用状況から予測されたアプリが自動的に一覧表示されます。そのほか、サイドセンスバーを下方向にスライドするとバック操作（直前の画面に戻る操作）になり、上方向にスライドすると、マルチウィンドウメニューが表示されます。

■ サイドセンスバーの設定を変更する

① P.172の手順②の画面で **⚙** を
タップします。

タップする

サイドセンス　⚙

メイン画面/ポップアップ　21:9 マルチウィンドウ

設定　カメラ　フォト

Play ストア　my daiz　ドコモメール

+メッセージ　電話　もっと見る

フォト　ドコモメール　電話

② サイドセンスの設定画面が表示されます。画面をスクロールします。

サイドセンス

10:35

スクロールする

画面端のサイドセンスバーに対して以下の
ジェスチャー操作を行うと、いつでもワン
アクションでメニューや便利機能を呼び出
せます。
・ダブルタップ: サイドセンスメニューを
開く
・上スライド: マルチウィンドウメニュー
を開く
・下スライド: 前の画面に戻る (バック操
作)

サイドセンスメニューでは、アプリを素早
く起動したり、他のアプリの上にもう一つ

③ [ジェスチャー操作感度] をタップ
します。

ジェスチャー操作

**サイドセンスバーを使用
する**
バーを非表示にしても、ホーム画面の
[Window manager]などのショートカ
ットからメニューを表示できます。　⬤

**サイドセンスバーを使用するアプ
リ**
アプリごとに、サイドセンスバーの表示/非表示
を選べます

タップする

サイドセンスバーの詳細設定
バーの詳細な位置、サイズ、透明度などを調整し
ます。直接長押ししながらの移動でも、バーは画
面内のお好みの位置に配置できます。

ジェスチャー操作感度
操作の速さや、スライド操作する長さを調整しま
す

ジェスチャーに割り当てる機能
各操作で呼び出す便利機能をカスタマイズしま
す。スクリーンショットやアプリなどをジェスチ
ャー操作ひとつで起動できます。

④ ジェスチャー操作の感度を変更で
きます。

←

ジェスチャー操作
感度

ダブルタップの速さ
ダブルタップの速さを調整します

スライドの長さ
上、または下へのスライド操作の長さを調整しま
す

スライドの速さ
速く設定するほど、バーやフローティングアイコ
ンを移動させる際の長押し時間も短くなります

7

スクリーンショットを撮る

OS・Hardware

Xperia 10 Vでは、表示中の画面をかんたんに撮影（スクリーンショット）できます。撮影できないものもありますが、重要な情報が表示されている画面は、スクリーンショットで残しておくと便利です。

本体キーでスクリーンショットを撮影する

(1) 撮影したい画面を表示して、電源キーと音量キーの下側を同時に押します。

(2) 画面が撮影され、左下にサムネイルとメニューが表示されます。●（ホームキー）をタップしてホーム画面に戻り、P.144を参考に「フォト」アプリを起動します。

MEMO その他の方法

履歴キーをタップして表示される画面（P.19手順③参照）の左下にある［スクリーンショット］をタップしても同様の操作ができます。

(3) ［ライブラリ］ → ［Screenshots］の順にタップし、撮影したスクリーンショットをタップすると、撮影した画面が表示されます。

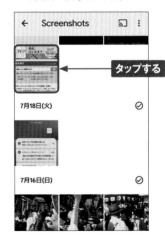

タップする

7月18日(火)

7月16日(日)

MEMO スクリーンショットの保存場所

撮影したスクリーンショットは、内部共有ストレージの「Pictures」フォルダ内の「Screenshots」フォルダに保存されます。

壁紙を変更する

Application

ホーム画面やロック画面では、撮影した写真などXperia 10 V内に保存されている画像を壁紙に設定することができます。「フォト」アプリでクラウドに保存された写真を選択することも可能です。

撮影した写真を壁紙に設定する

(1) P.18を参考に「設定」アプリを起動し[壁紙]→[壁紙とスタイル]の順にタップします。

(2) [壁紙の変更]をタップします。

(3) [マイフォト]をタップします。初回はアクセス許可が求められるので[許可]をタップします。フォルダを選択し、壁紙にしたい写真をタップして選択します。

(4) ✓をタップします。

(5) 「壁紙の設定」画面が表示されるので、変更したい画面(ここでは[ホーム画面とロック画面])をタップします。

(6) ホーム画面に戻ると、手順④で選択した写真が壁紙として表示されます。

アラームをセットする

Application

Xperia 10 Vにはアラーム機能が搭載されています。指定した時刻になるとアラーム音やバイブレーションで教えてくれるので、目覚ましや予定が始まる前のリマインダーなどに利用できます。

アラームで設定した時間に通知する

（1）アプリ一覧画面で[ツール]→[時計]をタップします。

（2）[アラーム]をタップして、●をタップします。

（3）時刻を設定して、[OK]をタップします。

（4）アラーム音などの詳細を設定する場合は、各項目をタップして設定します。

（5）指定した時刻になると、アラーム音やバイブレーションで通知されます。[ストップ]をタップすると、アラームが停止します。

いたわり充電を設定する

「いたわり充電」とは、Xperia 10 Vが充電の習慣を学習して電池の状態をより良い状態で保ち、電池の寿命を延ばすための機能です。設定しておくとXperia 10 Vを長く使うことができます。

いたわり充電を設定する

① P.18を参考に [設定] アプリを起動し、[バッテリー] → [いたわり充電] の順にタップします。

バッテリー

100% タップする

充電が完了しました

10% で ON になります

いたわり充電
電池の寿命を延ばすため、満充電に近い状態の時間を短くします

② 「いたわり充電」画面が表示されます。画面上部の [いたわり充電の使用] をタップします。

← いたわり充電 :

いたわり充電の使用 ●

タップする

自動

③ いたわり充電機能がオンになります。

← いたわり充電 :

いたわり充電の使用 ●

④ [手動] をタップすると、いたわり充電の開始時刻と満充電目標時刻を設定できます。

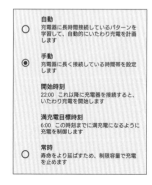

○ 自動
充電器に長時間接続しているパターンを学習して、自動的にいたわり充電を計画します

◉ 手動
充電器に長く接続している時間帯を設定します

開始時刻
22:00 これ以降に充電器を接続すると、いたわり充電を開始します

満充電目標時刻
6:00 この時刻までに満充電になるように充電を制御します

○ 常時
寿命をより延ばすため、制限容量で充電を止めます

7

おサイフケータイを設定する

Application

Xperia 10 Vはおサイフケータイ機能を搭載しています。2023年7月現在、電子マネーの楽天Edyをはじめ、さまざまなサービスに対応しています。

おサイフケータイの初期設定を行う

(1) アプリ一覧画面で［ツール］→［おサイフケータイ］をタップします。

タップする

(2) 初回起動時はアプリの案内や利用規約の同意画面が表示されるので、画面の指示に従って操作します。

タップする

次へ

(3) 「初期設定」画面が表示されます。初期設定が完了したら［次へ］をタップし、画面の指示に従ってGoogleアカウント連携などの操作を行います。

初期設定

おサイフケータイの設定が完了しました。

タップする

次へ

(4) サービスの一覧が表示されます。説明が表示されたら画面をタップします。ここでは、［楽天Edy］をタップします。

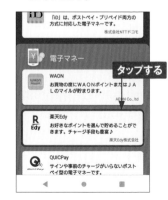

「iD」は、ポストペイ・プリペイド両方の方式に対応した電子マネーです。

株式会社NTTドコモ

電子マネー

タップする

WAON
お買物の度にWAONポイントまたはJALのマイルが貯まります。

AEON Co., ltd

楽天Edy
お好きなポイントを選んで貯めることができます。チャージ手段も豊富♪

楽天Edy株式会社

QUICPay
サインや事前のチャージがいらないポストペイ型の電子マネーです。

⑤ 「おすすめ詳細」画面が表示されるので、[サイトへ接続] をタップします。

⑥ Google Playが表示されます。「楽天Edy」アプリをインストールする必要があるので、[インストール] をタップします。

⑦ インストールが完了したら、[開く] をタップします。

⑧ 「楽天Edy」アプリの初期設定画面が表示されます。規約に同意して [次へ] をタップし、画面の指示に従って初期設定を行います。

Wi-Fiを設定する

Application

自宅のアクセスポイントや公衆無線LANなどのWi-Fiネットワークが
あれば、モバイル回線を使わなくてもインターネットに接続できます。
Wi-Fiを利用することで、より快適にインターネットが楽しめます。

Wi-Fiに接続する

(1) P.18を参考に「設定」アプリを
起動し、[ネットワークとインターネッ
ト] → [インターネット] の順にタッ
プします。

(2) 「Wi-Fi」が ⬜ の場合は、タップ
して ⬤ にします。

(3) 接続先のWi-Fiネットワークをタッ
プします。

(4) パスワードを入力し、[接続] をタッ
プすると、Wi-Fiネットワークに接
続できます。

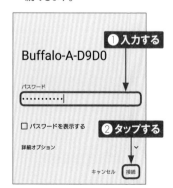

Wi-Fiネットワークを追加する

(1) Wi-Fiネットワークに手動で接続する場合は、P.180手順③の画面を上方向にスクロールし、画面下部にある[ネットワークを追加]をタップします。

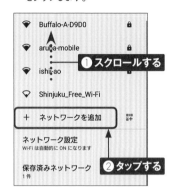

(3) 適切なセキュリティの種類をタップして選択します。

(2) 「ネットワーク名」にSSIDを入力し、「セキュリティ」の項目をタップします。

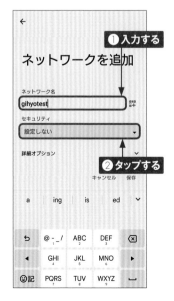

(4) パスワードを入力して[保存]をタップすると、Wi-Fiネットワークに接続できます。

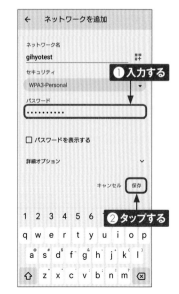

7

Wi-Fiテザリングを利用する

Application

「Wi-Fiテザリング」は、Xperia 10 Vを経由して、同時に最大10台までのパソコンやゲーム機などをインターネットに接続できる機能です。ドコモでは申し込み不要で利用できます。

Wi-Fiテザリングを設定する

① P.18を参考に「設定」アプリを起動し、[ネットワークとインターネット] をタップします。

設定

🔍 設定を検索

📶 ネットワークとインターネット
モバイル、Wi-Fi、アクセス ポイント

📱 機器接続
Bluetooth、Android Auto、NFC **タップする**

アプリ

② [テザリング] をタップします。

ネットワークとインターネット

● インターネット
ISC2113

📞 通話と SMS
docomo **タップする**

🗂 SIM
docomo ＋

✈ 機内モード

📡 テザリング
OFF

③ [Wi-Fiテザリング] をタップします。

テザリング

テザリングを使用して、モバイルデータ通信により他の機器にインターネット接続を提供します。

Wi-Fiテザリング
インターネット接続やコンテンツを他の機器と共有し...

USB テザリング
スマートフォンのインターネット接続を
USB 経由で共有 **タップする**

Bluetooth テザリング

④ [アクセスポイント名] (SSID) と[Wi-Fiテザリングのパスワード] をそれぞれタップして入力します。

Wi-Fiテザリング

Wi-Fi アクセス ポイントの使用

アクセス ポイント名
Xperia_so52d ◀ ❶入力する

セキュリティ
WPA2/WPA3-Personal ❷入力する

Wi-Fiテザリングのパスワード
・・・・・・・・・・・・・

⑤ [Wi-Fiアクセスポイントの使用] をタップします。

タップする

⑥ ●が●に切り替わり、Wi-Fiテ ザリングがオンになります。ステー タスバーに、Wi-Fiテザリング中 を示すアイコンが表示されます。

アイコンが表示される

⑦ Wi-Fiテザリング中は、ほかの機 器からXperia 10 VのSSIDが見 えます。SSIDをタップし、[接続] をタップしてP.182手順④で設定 したパスワードを入力して接続す れば、Xperia 10 V経由でイン ターネットに接続することができま す。

①タップする

②タップする

7

MEMO Wi-Fiテザリングを オフにするには

Wi-Fiテザリングを利用中、ス テータスバーを2本指で下方向 にドラッグし、[テザリング ON] をタップすると、Wi-Fiテザリン グがオフになります。

タップする

Section **73**

Bluetooth機器を利用する

Application

Xperia 10 VはBluetoothとNFCに対応しています。ヘッドセットやスピーカーなどのBluetoothやNFCに対応している機器と接続すると、Xperia 10 Vを便利に活用できます。

Bluetooth機器とペアリングする

(1) あらかじめ接続したいBluetooth機器をペアリングモードにしておきます。続いて、P.18を参考に「設定」アプリを起動して[機器接続]をタップします。

(2) [新しい機器とペア設定する]をタップします。Bluetoothがオフの場合は、自動的にオンになります。

(3) ペアリングする機器をタップします。

(4) [ペア設定する]をタップします。

(5) 機器との接続が完了します。✿ をタップします。

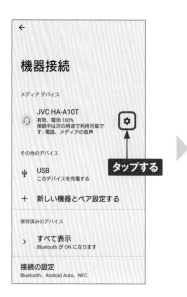

(6) 利用可能な機能を確認できます。なお、[接続を解除]をタップすると、ペアリングを解除できます。

NFC対応のBluetooth機器の利用方法

Xperia 10 Vに搭載されているNFC（近距離無線通信）機能を利用すれば、NFC対応のBluetooth機器とのペアリングや接続がかんたんに行えます。NFCをオンにするには、P.184手順②の画面で［接続の設定］→［NFC/おサイフケータイ］をタップし、「NFC/おサイフケータイ」がオフになっている場合はタップしてオンにします。Xperia 10 Vの背面のNFCマークを対応機器のNFCマークにタッチすると、ペアリングの確認通知が表示されるので、[はい] → [ペアに設定して接続] → [ペア設定する]の順にタップすれば完了です。あとは、NFC対応機器にタッチするだけで、接続／切断を自動で行ってくれます。

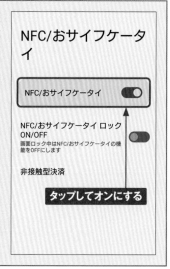

STAMINAモードで
バッテリーを長持ちさせる

Application

「STAMINAモード」を使用すると、特定のアプリの通信やスリープ時の動作を制限して節電します。バッテリーの残量に応じて自動的にSTAMINAモードにすることも可能です。

STAMINAモードを自動的に有効にする

① P.18を参考に「設定」アプリを起動し、[バッテリー] → [STAMINAモード] の順にタップします。

バッテリー

100%

充電が完了しました

バッテリー使用量
前回のフル充電からの使用状況を表示する

タップする

STAMINAモード
OFF

② 「STAMINAモード」画面が表示されたら、[STAMINAモードの使用] をタップして、[ONにする] をタップします。

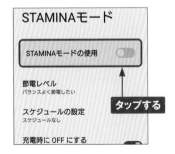

STAMINAモード

STAMINAモードの使用

節電レベル
バランスよく節電したい

スケジュールの設定
スケジュールなし

タップする

充電時に OFF にする

③ 画面が暗くなり、STAMINAモードが有効になったら、[スケジュールの設定] をタップします。

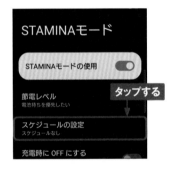

STAMINAモード

STAMINAモードの使用

節電レベル
電池持ちを優先したい

タップする

スケジュールの設定
スケジュールなし

充電時に OFF にする

④ [残量に応じて自動でON] をタップし、スライダーを左右にドラッグすると、STAMINAモードが有効になるバッテリーの残量を変更できます。

スケジュールの設定

❶タップする

○ スケジュールなし

◉ 残量に応じて自動で ON

10%

❷ドラッグする

本体ソフトウェアを アップデートする

Application

本体のソフトウェアはアップデートが提供される場合があります。ソフトウェアアップデートを行う際は、事前にP.126を参考にデータのバックアップを行っておきましょう。

ソフトウェアアップデートを確認する

① P.18を参考に「設定」アプリを起動し、[システム] をタップします。

されているアカウント

Digital Wellbeing と保護者による使用制限
利用時間、アプリタイマー、おやすみ時間のスケジュール

タップする

G Google
サービスと設定

✿ システム
言語と入力、日付と時刻、バックアップ

🗔 デバイス情報
SO-52D

② [システムアップデート] をタップします。

⊙ バックアップ

🗄 システム アップデート
Android 13 に更新済み

タップする

👤 複数ユーザー
070-0000-0000としてログイ

{ } 開発者向けオプション

⟳ リセット オプション

🗄 アプリケーション更新

③ [アップデートをチェック] をタップすると、アップデートがあるかどうかを確認できます。アップデートがある場合は、[再開] をタップするとダウンロードとインストールが行われます。

お使いのシステムは最新の状態です

Android のバージョン: 13
Android セキュリティ アップデート:
2023年6月1日

アップデートの最終確認:
8月1日

タップする

アップデートをチェック

MEMO ソニー製アプリの更新

一部のソニー製アプリは、Google Playでは更新できない場合があります。手順②の画面で [アプリケーション更新] をタップすると更新可能なアプリが表示されるので、[インストール] → [OK] の順にタップして更新します。

OS・Hardware

本体を再起動する

Xperia 10 Vの動作が不安定な場合は、再起動すると改善することがあります。何か動作がおかしいと感じた場合、まずは再起動を試してみましょう。

本体を再起動する

(1) 電源キーと音量キーの上を同時に押します。

(2) [再起動] をタップします。電源がオフになり、しばらくして自動的に電源が入ります。

MEMO 強制再起動とは

画面の操作やボタン操作が一切不可能で再起動が行えない場合は、強制的に再起動することができます。電源キーと音量キーの上を同時に押したままにし、Xperia 10 Vが振動したら指を離すことで強制再起動が始まります。この方法は、手順②の画面の右下に表示される [強制再起動ガイド] をタップすると表示されます。

本体を初期化する

Application

再起動を行っても動作が不安定なときは、初期化すると改善する場合があります。なお、重要なデータはP.126を参考に事前にバックアップを行っておきましょう。

■ 本体を初期化する

① P.18を参考に「設定」アプリを起動し、[システム] → [リセットオプション] の順にタップします。

- ⊙ 日付と時刻
  GMT+09:00 日本標準時
- ⊕ バックアップ
- ⊟ システム アップデート
  アップデートを利用できます
- ⊖ 複数ユーザー **タップする**
  070-0000-0000としてログイン中
- { } 開発者向けオプション
- ↺ リセット オプション

② [全データを消去（出荷時リセット）] をタップします。

←

リセット オプション

ネットワーク設定のリセット

アプリの設定をリセット **タップする**

ダウンロードされた eSIM を消去

全データを消去（出荷時リセット）

③ メッセージを確認して、[すべてのデータを消去] をタップします。

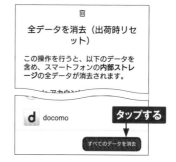

🗑

全データを消去（出荷時リセット）

この操作を行うと、以下のデータを含め、スマートフォンの内部ストレージの全データが消去されます。

d docomo **タップする**

すべてのデータを消去

④ もう一度 [すべてのデータを消去] をタップすると、初期化されます。

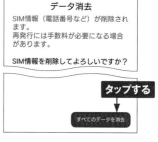

🗑

データ消去

SIM情報（電話番号など）が削除されます。
再発行には手数料が必要になる場合があります。

SIM情報を削除してよろしいですか？

タップする

すべてのデータを消去

7

索引

191

お問い合わせについて

本書に関するご質問については、本書に記載されている内容に関するもののみとさせていただきます。本書の内容と関係のないご質問につきましては、一切お答えできませんので、あらかじめご了承ください。また、電話でのご質問は受け付けておりませんので、必ずFAXか書面にて下記までお送りください。
なお、ご質問の際には、必ず以下の項目を明記していただきますようお願いいたします。

1　お名前
2　返信先の住所またはFAX番号
3　書名
　　（ゼロからはじめる　ドコモ Xperia 10 V SO-52D　スマートガイド）
4　本書の該当ページ
5　ご使用のソフトウェアのバージョン
6　ご質問内容

なお、お送りいただいたご質問には、できる限り迅速にお答えできるよう努力いたしておりますが、場合によってはお答えするまでに時間がかかることがあります。また、回答の期日をご指定なさっても、ご希望にお応えできるとは限りません。あらかじめご了承くださいますよう、お願いいたします。ご質問の際に記載いただきました個人情報は、回答後速やかに破棄させていただきます。

■ お問い合わせの例

FAX
1　お名前 　　技術　太郎
2　返信先の住所またはFAX番号 　　03-XXXX-XXXX
3　書名 　　ゼロからはじめる 　　ドコモ　Xperia 10 V 　　SO-52D　スマートガイド
4　本書の該当ページ 　　40ページ
5　ご使用のソフトウェアのバージョン 　　Android 13
6　ご質問内容 　　手順3の画面が表示されない

お問い合わせ先

〒 162-0846
東京都新宿区市谷左内町 21-13
株式会社技術評論社　書籍編集部
「ゼロからはじめる　ドコモ Xperia 10 V SO-52D　スマートガイド」質問係
FAX 番号　03-3513-6183
URL：https://book.gihyo.jp/116/

ゼロからはじめる ドコモ Xperia 10 V SO-52D スマートガイド
（エクスペリア　テン　マークファイブエスオー　ゴニディー）

2023 年 9 月 22 日　初版　第 1 刷発行
2024 年 6 月 29 日　初版　第 2 刷発行

著者 ……………………………技術評論社編集部
発行者 …………………………片岡　巌
発行所 …………………………株式会社 技術評論社
　　　　　　　　　　　　　　　東京都新宿区市谷左内町 21-13
電話 ……………………………03-3513-6150　販売促進部
　　　　　　　　　　　　　　　03-3513-6166　書籍編集部
装丁 ……………………………菊池　祐（ライラック）
本文デザイン・DTP …………リンクアップ
編集 ……………………………下山　航輝
製本／印刷 ……………………図書印刷株式会社

定価はカバーに表示してあります。

ISBN978-4-297-13695-6 C3055

Printed in Japan